Grzegorz Chruścielski

# Mechanizm procesu skrawania w opisie mezoskopowym

Grzegorz Chruścielski

# Mechanizm procesu skrawania w opisie mezoskopowym

Wydawnictwo Bezkresy Wiedzy

**Imprint**


Cover image: www.ingimage.com

Publisher:
Wydawnictwo Bezkresy Wiedzy
is a trademark of
International Book Market Service Ltd., member of OmniScriptum Publishing Group
17 Meldrum Street, Beau Bassin 71504, Mauritius

Printed at: see last page
**ISBN: 978-3-639-89069-3**

Zugl. / Approved by: Wrocław, Politechnika Wrocławska, rozprawa doktorska, 2002

Politechnika Wrocławska

# Mechanizm procesu skrawania w opisie mezoskopowym

Grzegorz Chruścielski

WROCŁAW 2019

# SPIS TREŚCI

# Streszczenie

Modelowanie procesu skrawania jest zagadnieniem mocno złożonym, wymagającym uwzględnienia fizycznej natury materiału poddawanego silnym odkształceniom i pękaniu w warunkach dużych prędkości odkształceń i wysokich temperatur. Zjawisko tworzenia się wióra ma przy tym charakter cykliczny, co odróżnia je od innych procesów bazujących na ścinaniu, takich jak cięcie plastyczne. Jednak mechanizmy takich procesów polegają na tych samych zjawiskach: po utworzeniu się makroskopowej strefy lokalizacji odkształceń na skutek działania naprężeń tnących dochodzi do pękania materiału wzdłuż powstających w obrębie ziaren pasm ścinania. Te wspólne cechy pozwalają na przenoszenie wyników badań uzyskanych dla jednego rodzaju procesu na inny, co zostało wykorzystane w niniejszej pracy.

Pełna znajomość mechanizmu skrawania daje możliwości sterowania tym procesem. Jest to istotne m.in. z punktu widzenia dążenia do otrzymywania najbardziej optymalnego typu wióra, co wpływa na zużycie energii i narzędzi oraz niezawodność maszyn, a szczególnie obrabiarek sterowanych numerycznie.

Dlatego też, zasadniczym przedmiotem niniejszej pracy są badania mechanizmów zjawisk decydujących o typie wióra i doborze technik modelowania procesu tworzenia się wióra. Dokonano więc analizy aktualnego stanu wiedzy na temat modelowania procesu skrawania. Stwierdzono, że znane modele wióra ciągłego nie są w stanie generować kryteriów pękania ścinanego materiału, bez czego nie mogą przewidywać pozostałych typów wióra. Za główną przyczynę takiego stanu rzeczy uznano brak nośnej koncepcji fizykalnego modelowania tego procesu. Dotyczy to szczególnie ścinania w warunkach izotermicznych, w których powstaje większość znanych typów wióra, a w tym wiór ciągły - najmniej pożądany, z punktu widzenia niezawodności zautomatyzowanych centrów obróbczych.

Sformułowano tezę, że do dalszego rozwoju modelowania procesu skrawania niezbędne jest opracowanie nowej koncepcji modelowania fizykalnego. W celu udowodnienia tej tezy odwołano się do mezoskopowej koncepcji modelowania procesów bazujących na ścinaniu, opracowanej przez E.S. Dzidowskiego. Koncepcja ta opiera się na strukturalnych poziomach odkształcenia plastycznego, a szczególnie na skutkach ewolucji struktury dyslokacyjnej, prowadzącej do lokalizacji odkształceń w izotermicznych pasmach ścinania. Dzięki temu generuje ona nowe kryteria i możliwości sterowania szeroko pojętym procesem ścinania.

Ostatecznie zaproponowano, a następnie zweryfikowano doświadczalnie nowy, mezoskopowy model skrawania. Może on być stosowany zarówno do opisu mechanizmu, jak i sposobu tworzenia się różnych typów wióra, co przedstawiono w postaci jego możliwości interpretacyjnych. Wykorzystując możliwości, jakie daje opis mezoskopowy procesu skrawania, zaproponowano na zakończenie kryterium oceny skrawalności materiału na podstawie jego energii błędu ułożenia, co stanowi unikalny sposób związania mikrostrukturalnych cech materiału z jego przydatnością technologiczną.

# Wprowadzenie

Skrawanie jest jednym z podstawowych procesów technologicznych, stosowanych do wyrobu konstrukcji metalowych, ale również wykonanych z kompozytów, tworzyw sztucznych i polimerów. Konstrukcje takie spełniać muszą niejednokrotnie bardzo ścisłe wymagania wymiarowo-geometryczne, które zapewnić musi precyzyjne skrawanie wykańczające, szczególnie, gdy chce się uniknąć dodatkowej operacji szlifowania.

Próby stworzenia modelu mechanizmu skrawania prowadzone są już od lat 40-ch XX wieku. Prawie wszystkie one zawężają się jednak tylko modelu wióra ciągłego (jednorodnego). Jak wykazała przeprowadzana w niniejszej pracy analiza (rozdział 1), modele te są mocno ograniczone i nie są dostatecznie efektywne. Szczególne znaczenie ma tu brak możliwości tych modeli do przewidywania rodzaju powstającego wióra, ponieważ postać wióra decyduje o ocenie przydatności do skrawania danego materiału oraz wpływa na zużycie energii i narzędzi. Powoduje to, że coraz częściej porzuca się próby modelowania fizykalnego i poprzestaje na modelowaniu procesu skrawania za pomocą narzędzi numerycznych.

W rozdziale 1 pracy zaproponowano podział procesów bazujących na ścinaniu na dwie grupy, to jest na procesy ze ścinaniem z jednym i z dwoma aktywnymi koncentratorami naprężeń, wskazując na podobny ich mechanizm. Następnie omówiono stan aktualnej wiedzy na temat modelowania skrawania, jak również zaprezentowano mezomechaniczną koncepcję ścinania, opracowaną przez E. S. Dzidowskiego i wykorzystaną przez niego do opisu mechanizmów lokalizacji odkształceń i pękania materiału w operacji cięcia plastycznego (przecinania). Na końcu sformułowano genezę pracy.

Tezy pracy, przedstawione w rozdziale 2, stanowią, że mechanizm skrawania można wyjaśnić, podobnie jak proces cięcia plastycznego, poprzez zastosowanie mezomechanicznej koncepcji ścinania.

W kolejnych rozdziałach przedstawiono wyniki badań własnych, potwierdzających podobieństwo zjawisk zachodzących podczas przebiegu tych dwóch procesów technologicznych, a różnice między mają tylko charakter makroskopowy i wynikają głównie z zastosowania dwóch (przy przecinaniu) lub jednego (przy skrawaniu) koncentratora naprężeń.

W wyniku tych prac opracowano nowy, fizykalny, mezoskopowy model procesu powstawania wióra (rozdział 9). Model taki, dzięki koncentracji uwagi na pojedynczym cyklu ścinania, prowadzącym do oddzielenia odcinanej części materiału wskutek jego pękania poślizgowego, wyjaśnia, jakie własności materiału wpływają na rodzaj i postać wióra. Uzyskuje się przez to możliwość świadomego sterowanie przebiegiem procesu skrawania poprzez dobór materiałów o wymaganej skrawalności. Możliwości interpretacyjne takiego mezoskopowego modelu skrawania przedstawiono w rozdziale 10.

Całość rozważań własnych kończy podsumowanie (rozdział 11) oraz trzy grupy wniosków (rozdział 12). Są to wnioski poznawcze, wnioski dotyczące kierunków dalszych badań oraz wnioski utylitarne.

Praca zawiera również zestawienie ważniejszych oznaczeń, zamieszczone bezpośrednio po niniejszym wprowadzeniu, a na końcu spis literatury, ułożony według kolejności odwoływania się do poszczególnych pozycji w tekście pracy.

# Wykaz oznaczeń i skrótów

## Oznaczenia

$a$ – grubość warstwy skrawanej
$a_c$ – grubość wióra
$A$ – przekrój poprzeczny
$\alpha$ – kąt natarcia noża
$b$ – grubość próbki; współczynnik utraty ciepła
$b_v$ – średnica pustek
$\beta$ – współczynnik ilości pracy odkształcenia zamienionej w ciepło,
$c$ – ciepło właściwe
$C$ – stała materiałowa,
$C_1$, $C_2$, ... $C_7$ – stałe materiałowe
$\Delta l$ – szerokość rozwarcia materiału na skutek pękania wzdłuż MPS
$\varepsilon$ – odkształcenie wzdłużne; zgniot materiału
$\varepsilon_p$ – graniczne odkształcenie pękania
$F_c$ – składowa siły R, równoległa do powierzchni natarcia
$F_p$ – składowa siły R, równoległa do kierunku skrawania
$F_q$ – składowa siły R, prostopadła do powierzchni materiału skrawanego
$F_s$ – składowa siły R, równoległa do umownej płaszczyzny ścinania
$\Phi$ – kąt ścinania
$G$ – moduł sprężystości poprzecznej
$\gamma$ – odkształcenie postaciowe
$\dot{\gamma}$ – prędkość odkształcenia postaciowego
$h$ – przemieszczenie noża (głębokość nadcięcia próbki)
$h_1$ – przemieszczenie noża odpowiadające zupełnemu spadkowi siły
$h_v$ – średnia długość pustek
$H$ – wysokość próbki
$l_v$ – średnie odległości między pustkami
$l_c$ – długość odcinanej części próbki
$l_w$ – względna długość odcinanej części próbki: $l_w = l_c / H$
$n$ – wykładnik krzywej umocnienia
$N_c$ – składowa siły R, prostopadła do powierzchni natarcia
$N_s$ – składowa siły R, prostopadła do umownej płaszczyzny ścinania
$P$ – siła rozciągania
$P_c$ – siła ścinająca
$P_{c\,max}$ – maksymalna siła ścinająca
$\Theta$ – kąt pochylenia dłuższej osi elipsy wpisanej w element ścinany,
$R$ –wypadkowa siła skrawania
$\rho$ – gęstość materiału
$\sigma$ – naprężenie rozciągające
$\sigma_1$ – największe naprężenie rozciągające
$\sigma_a$ – naprężenie równoległe do osi pustek
$\sigma_b$ – naprężenie prostopadłe do osi pustek
$\sigma_h$ – naprężenie hydrostatyczne
$\sigma_l$ – naprężenie rozciągające krytyczne ze względu na występowanie APS
$\sigma_m$ – naprężenie średnie: $\sigma_m = 1/3(\sigma_1+\sigma_2+\sigma_3)$
$\sigma_p$ – naprężenie uplastyczniające
$T$ – temperatura
$T_t$ – temperatura topnienia
$\tau$ – naprężenie ścinające
$\tau_l$ – naprężenie ścinające krytyczne ze względu na występowanie APS
$u$ – przesunięcie krawędzi elementu ścinanego
$U$ – przemieszczenie powierzchni swobodnej próbki
$U_{max}$ – maksymalne przemieszczenie powierzchni swobodnej próbki
$V$ – prędkość skrawania
$V_c$ – prędkość spływu wióra
$\psi$ – kąt pochylenia krawędzi elementu ścinanego
$z$ – szerokość elementu ścinanego

## Skróty

*APS* – adiabatyczne pasma ścinania
*EBU* – energia błędu ułożenia
*GZ* – granice ziaren
*MPS* – mezoskopowe pasma ścinania izotermicznego
*SEM* – skaningowy mikroskop elektronowy
*SLO* – strefa lokalizacji odkształceń

# 1
# Stan zagadnienia

## 1.1. Określenie podstawowego problemu badawczego pracy

### 1.1.1. Systematyka procesów bazujących na ścinaniu materiału

Ścinanie jako stan naprężenia ciała materialnego, poddanego dwustronnemu obciążeniu siłami skierowanymi przeciwnie, jest często wykorzystywane w technologiach obróbki mechanicznej metali. Największe znaczenie ma ono w procesach obróbki plastycznej - przede wszystkim przy przecinaniu [1 ÷ 4] i przy skrawaniu (i procesach jemu pokrewnych), ale występuje również w obróbce ściernej [5 ÷ 8], przy zużyciu ściernym [9] oraz w tektonice [10].

Mimo odmienności technologicznej tych procesów, ich istota opiera się na tym samym mechanizmie ścinania. Dlatego też w niniejszej pracy podjęto próbę odmiennej systematyki procesów bazujących na ścinaniu, którą przedstawiono na rys.1.1. Systematyka ta bazuje na bardziej uniwersalnym kryterium, jakim uczyniono liczbę aktywnych koncentratorów naprężeń. Kryterium to znajduje potwierdzenie w zmianie położenia strefy ścinania (strefy lokalizacji odkształceń) względem założonego kierunku ścinania, oraz w zmianie względnej wartości maksymalnych sił ścinania (patrz: wykres $P_w = f(l/H)$ na rys. 1.1)}.

Wprowadzenie takiego kryterium było szczególnie ważne z punktu widzenia możliwości zmiany rodzaju procesu ścinania. Wprowadzenie tego kryterium sprawiło, że przejście od ścinania z dwoma koncentratorami naprężeń do ścinania z jednym koncentratorem stało się możliwe głównie poprzez zmianę długości odcinanej części materiału, co oznacza, że nie wymagało to zmiany schematu ścinania (liczby stosowanych noży). Dzięki temu ograniczono liczbę procesów koniecznych do analizy z siedmiu grup do dwóch: przecinania i skrawania (rys. 1.1 – zacienione schematy).

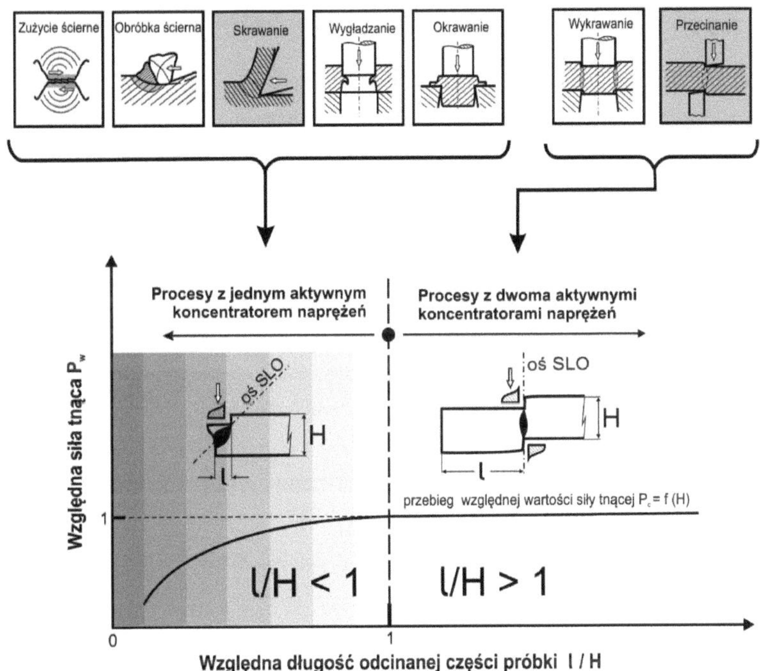


Oznaczenia: $P_w$ - względna siła ścinania ($P_w = P_c / P_{c(l>H)}$),
$P_c$ - maksymalna siła ścinania,
$P_{c(l>H)}$ - maksymalna siła ścinania dla $l \geqslant H$.

**Problem:**
Brak dostatecznej wiedzy na temat istoty i możliwości pełniejszego sterowania mechanizmem ścinania w poszczególnych grupach procesów

Rys. 1.1. Rodzaje procesów bazujących na ścinaniu i przyjęte kryteria ich podziału w postaci liczby aktywnych koncentratorów naprężeń oraz kształtu i położenia strefy lokalizacji odkształceń (SLO). Uwaga: zacienienie schematu procesu oznacza proces wybrany do dalszych rozważań

Jak wynika z rysunku 1.1, do dalszych analiz wybrano przecinanie i skrawanie, jako reprezentatywnych przedstawicieli ścinania z dwoma i z jednym koncentratorami naprężeń. Złagodzono w ten sposób znaczenie kryteriów makroskopowych i zwiększono znaczenie kryteriów fizykalnych, kierujących uwagę na przyczyny specyficznego kształtu i położenia stref lokalizacji odkształceń w obu tych procesach.

### 1.1.2. Określenie ogólnego problemu badawczego i przedmiotu dalszych badań

Stwierdzona wyżej potrzeba koncentracji uwagi na przyczynach zmiany kształtu i położenia strefy lokalizacji odkształceń determinuje zarówno problem badawczy, jak i przedmiot dalszych badań. Jak wynika bowiem z rysunku 1.1, przedmiotem badań mogą być dwie grupy procesów bazujących na ścinaniu. Dlatego też, za punkt wyjścia do dalszych rozważań przyjęto roboczą tezę, że obecna efektywność przewidywania skutków przebiegu procesów bazujących na ścinaniu z jednym koncentratorem jest zbyt mała.

Stąd też, zasadniczym celem niniejszej pracy jest udowodnienie tak sformułowanej tezy roboczej. Szczegółowe tezy zostaną sformułowane po analizie stanu zagadnienia. W celu udowodnienia tych tez, przeprowadzone zostaną badania własne. Zakłada się również możliwość opracowania nowej koncepcji i nowego modelu procesu skrawania.

## 1.2. Analiza ograniczeń dotychczasowych koncepcji i technik modelowania procesu skrawania

Podczas skrawania, czyli ścinania z jednym aktywnym koncentratorem naprężeń, materiał oddzielany podczas skrawania przyjmuje postać wióra, co w sposób podstawowy odróżnia je od ścinania z dwoma aktywnymi koncentratorami naprężeń. Powstawanie wióra wynika głównie ze zmiany kierunku rozwoju strefy lokalizacji odkształceń (patrz rys. 1.1) oraz z cykliczności tego procesu.

Dlatego też, niezwykle ważne jest poznanie mechanizmu tworzenia się określonego typu wióra, a szczególnie poznanie przyczyn przechodzenia od jednego do innego typu wióra. Jest to ważne tym bardziej, że proces ten jest przedstawiany najczęściej za pomocą schematu ilustrującego tworzenie się wióra ciągłego przy skrawaniu ortogonalnym, jak pokazano na rysunku 1.2. [11 ÷ 14].

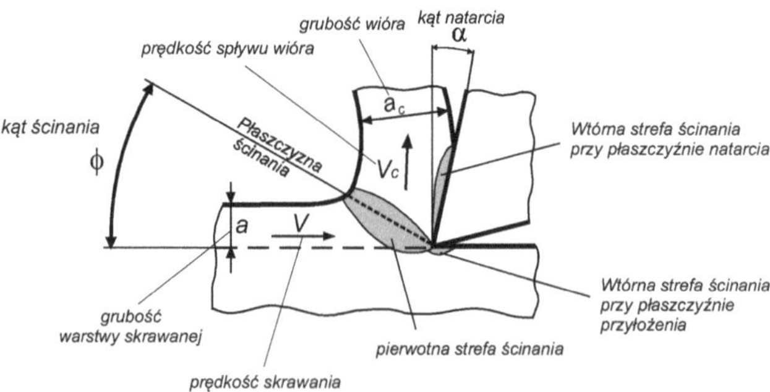


Rys. 1.2. Schemat skrawania ortogonalnego i jego podstawowe parametry geometryczne.

Dotychczasowe modele tworzenia się wióra ciągłego posiadają jednak wiele ograniczeń, co zostanie wykazane w dalszej części rozdziału.

### 1.2.1 Problemy wynikające z aktualnych koncepcji modelowania procesu tworzenia się wióra

Jak już wspomniano wcześniej, od typu wióra zależy zużycie energii i narzędzi oraz niezawodność maszyn, a szczególnie obrabiarek sterowanych numerycznie [15 ÷ 18]. Dlatego też, zasadniczym celem niniejszego podrozdziału jest analiza znanych koncepcji modelowania procesu tworzenia się wióra oraz próba wskazania przyczyn znikomej skuteczności tych modeli w zakresie przewidywania typu wióra.

#### 1.2.1.1. Typy wióra i kryteria ich przewidywania

Zasadniczym celem niniejszego podrozdziału jest określenie aktualnych tendencji w podziale wiórów na poszczególne typy, a szczególnie ocena kryteriów takich podziałów i ich skuteczności z punktu widzenia przewidywania typu wióra.

Do niedawna rozróżniano powszechnie trzy typy wióra: wiór nieciągły (segmentowy), wiór ciągły oraz wiór ciągły ze strefą narostu [19] (rys.1.3). Klasyfikacja ta bazuje głównie na geometrii wióra i nie przywiązuje należytej wagi do przyczyn jego powstania. Ponadto, jest to jedynie klasyfikacja post-procesowa i jako taka nie może być pomocna w fazie przewidywania typu wióra.

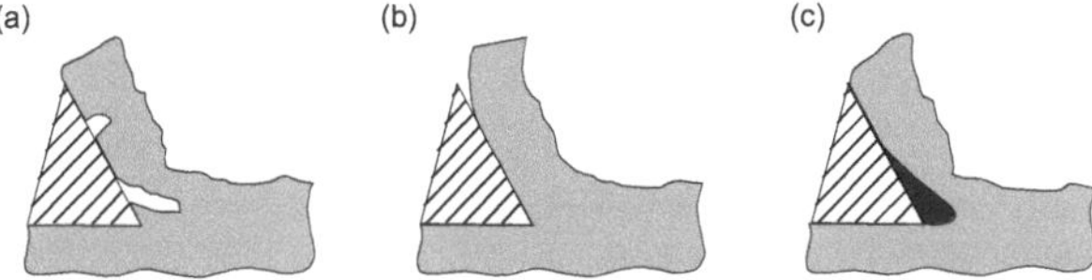


Rys. 1.3. Klasyfikacja typów wióra: (a) – wiór segmentowy, (b) – wiór ciągły, (c) – wiór ciągły ze strefą narostu.

Inną klasyfikację zaproponowali Komanduri i Brown, dzieląc wióry na jednorodne i niejednorodne [20]. Zgodnie z tym podziałem, do wiórów jednorodnych zaliczany jest wiór ciągły, o gładkich powierzchniach zewnętrznych, a do wiórów niejednorodnych – wiór falisty, segmentowy i elementowy (rys. 1.4).

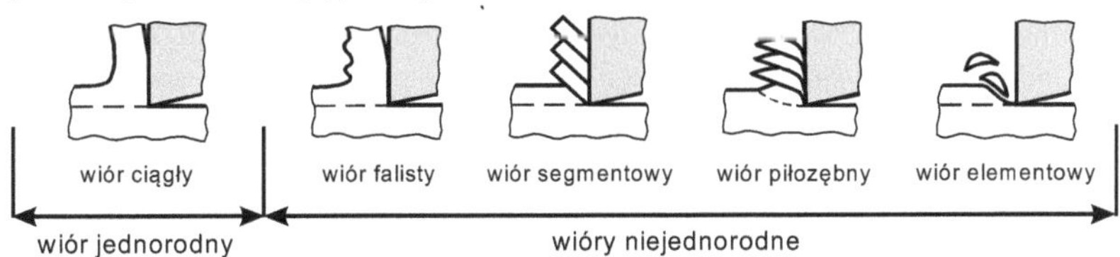


Rys. 1.4. Klasyfikacja wiórów według Komanduri'ego i Brown'a.

W dalszej części niniejszej pracy stosowany będzie ten podział wiórów, z tym, że przyjęto, że wystarczy rozróżniać tylko dwa typy wióra niejednorodnego, to jest segmentowy i elementowy, ponieważ wiór falisty może być uważany za odmianą wióra segmentowego.

Niezależnie jednak od przyjętej klasyfikacji typów wióra, ważne są stosowane przy tym kryteria. W przypadku jednego z najnowszych sposobów podziału wiórów na typy, zaproponowanego przez Astakhova [21], oparto się na kryterium wiążącym typ wióra z plastycznością skrawanego materiału (tab. 1.1). Jak wynika z tabeli 1.1, rozróżnia się tu trzy podstawowe typy wiórów, w zależności od własności plastycznych materiałów. Pierwszy typ wióra, oznaczony w tabeli 1.1 jako typ A, jest utożsamiany z brakiem plastyczności, czyli z kruchością materiału, drugi (B) – ze zwiększoną plastycznością, a trzeci (C) – z największą plastycznością. W tabeli 1.1 znaleźć można bliższe charakterystyki danego typu wióra.

Tab. 1.1 Plastyczność materiałów jako kryterium tworzenia się różnych typów wióra (wg Astakhova).

| Stopień plastyczności materiału | Schemat typu wióra | Nazwa i charakterystyka typu wióra |
|---|---|---|
| Materiał kruchy (Typ A) | | Wiór odrywany o kształcie regularnym, niemal prostokątnym |
| | | Wiór odrywany o kształcie nieregularnym, z pyłem wiórowym |
| Materiał plastyczny (Typ B) | | Wiór ciągły – segmentowy, z wyraźnie wydzielonymi segmentami |
| | | Wiór ciągły o nierównomiernej wytrzymałości |
| Materiał bardzo plastyczny (Typ C) | | Wiór ciągły – segmentowy, z trudno rozróżnialnymi segmentami |
| | | Wiór niestabilny, o zmiennej grubości |

Na podstawie tabeli 1.1 można stwierdzić, że najbardziej aktualnym obecnie kryterium podziału wiórów na typy jest plastyczność obrabianego materiału, przy czym przejście od wióra odrywanego do wióra ciągłego następuje ze wzrostem plastyczności. Oznacza to, że omawiane kryterium nie wskazuje bezpośredniego związku pomiędzy typem wióra i mechanizmem jego tworzenia się. Nie generuje przez to innych sposobów sterowania typem wióra niż poprzez zmianę plastyczności obrabianego materiału. Taki stan rzeczy stanowi istotne ograniczenie, a ponadto nie znajduje często potwierdzenia w wynikach badań doświadczalnych. Za najważniejszą przyczynę tego stanu rzeczy można uznać brak doskonałości i skuteczności znanych modeli mechanizmu tworzenia określonego typu.

### 1.2.1.2. Analiza problemów wynikających z ograniczeń mechaniki klasycznej i metod numerycznych

**A) Analiza modeli tworzenia się wióra**

Przedmiotem tego podrozdziału jest analiza znanych modeli tworzenia się wióra, a jego celem – wskazanie źródeł zbyt małej efektywności tych modeli w zakresie opisu mechanizmu i możliwości przewidywania określonego typu wióra (rys. 1.5).

Rysunek 1.5 stanowi zbiorcze zestawienie wyników analizy stanu zagadnienia. Jest on sporządzony w formie planszy podzielonej na trzy części, to jest dotyczące: koncepcji modelowania, możliwości wydzielenia obszarów występowania poszczególnych typów wióra na mapach mechanizmów odkształceń oraz metod i technik modelowania.

Jak wynika z rysunku 1.5, a szczególnie z części poświęconej analizie koncepcji modeli tworzenia się wióra, istnieją dwie zasadnicze grupy modeli. Pierwsza z nich dotyczy wióra jednorodnego (rys. 1.5a-j), a druga – niejednorodnego (rys. 1.5k-m). Pod pojęciem wióra jednorodnego należy rozumieć tu wiór ciągły o względnie gładkim zarysie powierzchni zewnętrznych, a pod pojęciem wióra niejednorodnego – wiór o nieregularnym zarysie tych powierzchni.

Z przeprowadzonej tu analizy wynika, że, każdy z modeli dotyczy wyłącznie jednego typu wióra. Oznacza to, że żaden ze znanych modeli nie jest w stanie wyjaśnić przyczyn tworzenia się innego typu wióra, niż sam opisuje.

# PROBLEMY MODELOWANIA PROCESU SKRAWANIA

## Problemy wynikające z ograniczeń aktualnych koncepcji modelowania procesu tworzenia się wióra

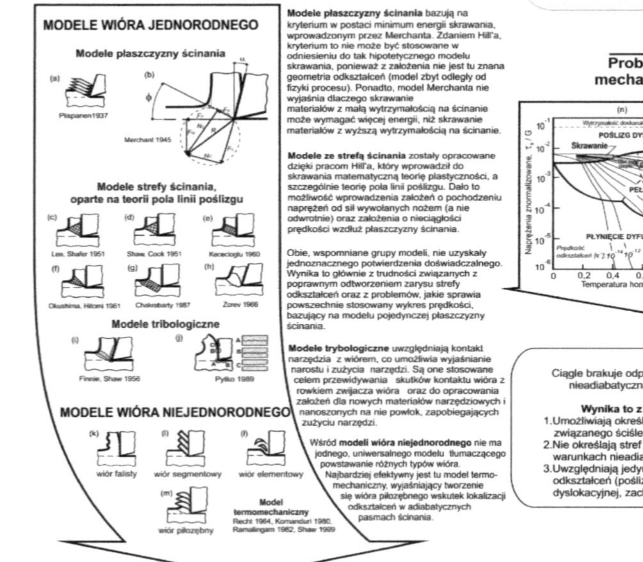


**Modele płaszczyzny ścinania** bazują na kryterium w postaci minimum energii skrawania, wprowadzonym przez Merchanta. Zdaniem Hill'a, kryterium to nie może być stosowane w odniesieniu do tak hipotetycznego modelu skrawania, ponieważ z założenia nie jest tu znana geometria odkształceń (model zbyt odległy od fizyki procesu). Ponadto, model Merchanta nie wyjaśnia dlaczego skrawanie materiałów z małą wytrzymałością na ścinanie może wymagać więcej energii, niż skrawanie materiałów z wyższą wytrzymałością na ścinanie.

**Modele ze strefą ścinania** zostały opracowane dzięki pracom Hill'a, który wprowadził do skrawania matematyczną teorię plastyczności, a szczególnie teorię pola linii poślizgu. Dało to możliwość wprowadzenia założeń o pochodzeniu naprężeń od sił wywołanych nożem (a nie odwrotnie) oraz założenia o nieciągłości prędkości wzdłuż płaszczyzny ścinania.

Obie, wspomniane grupy modeli, nie uzyskały jednoznacznego potwierdzenia doświadczalnego. Wynika to głównie z trudności związanych z poprawnym odtworzeniem zarysu strefy odkształceń oraz z problemów, jakie sprawia powszechnie stosowany wykres prędkości, bazujący na modelu pojedynczej płaszczyzny ścinania.

**Modele trybologiczne** uwzględniają kontakt narzędzia z wiórem, co umożliwia wyjaśnianie narostu i zużycia narzędzi. Są one stosowane celem przewidywania skutków kontaktu wióra z rowkiem zwijacza wióra oraz do opracowania założeń dla nowych materiałów narzędziowych i nanoszonych na nie powłok, zapobiegających zużyciu narzędzi.

Wśród **modeli wióra niejednorodnego** nie ma jednego, uniwersalnego modelu tłumaczącego powstawanie różnych typów wióra. Najbardziej efektywny jest tu model termo-mechaniczny, wyjaśniający tworzenie się wióra piłozębnego wskutek lokalizacji odkształceń w adiabatycznych pasmach ścinania.

## Problemy wynikające z interpretacji mechanizmu odkształceń plastycznych

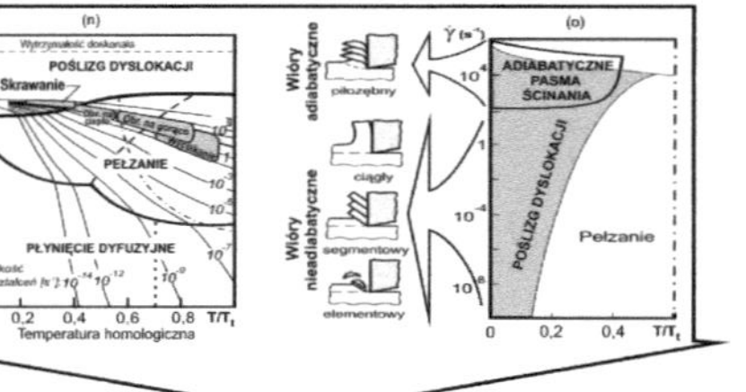


**PROBLEM 3**

Ciągle brakuje odpowiedzi na pytanie, w jaki sposób tworzą się różne typy wióra nieadiabatycznego w ramach tego samego, dyslokacyjnego mechanizmu odkształceń.

**Wynika to z faktu, iż aktualne mapy mechanizmów odkształceń:**

1. Umożliwiają określenie jedynie obszaru występowania wióra piłozębnego - związanego ściśle z rozwojem adiabatycznych pasm ścinania.
2. Nie określają stref występowania pozostałych typów wióra, tworzących się w warunkach nieadiabatycznych.
3. Uwzględniają jedynie elementarne akty poszczególnych mechanizmów odkształceń (poślizg, dyfuzja itp.) i nie przewidują np. ewolucji struktury dyslokacyjnej, zachodzącej podczas odkształcania.

## Problemy wynikające z ograniczeń stosowanych metod i technik modelowania

Stosowane **metody doświadczalne** są adekwatne do metod analitycznych, bazujących na mechanice ośrodka ciągłego. Są to głównie metody makroskopowe, wykorzystywane do określania warunków brzegowych dla metod analitycznych i podobnie jak metody analityczne nie przyczyniają się do istotnego zgłębienia natury procesu skrawania i wyjaśnienia mechanizmu tworzenia się różnych typów wióra.

Stosowane **metody analityczne** bazują na mechanice ośrodka ciągłego, najczęściej idealnie plastycznego. Podstawowym ograniczeniem tych metod jest założenie makroskopowej jednorodności materiału. Założenie to, oraz przyjęta definicja i przekonanie o wiodącej roli kąta ścinania odwracają uwagę od natury procesu skrawania, decydującej w rzeczywistości o powstaniu typu wióra.

**Metoda elementów skończonych** daje tyle i takie rozwiązania, jakie zostały poczynione założenia co do kształtu wióra i kontaktu wióra z nożem. Istniej tyle rozwiązań, ile publikacji na ten temat, a wyniki nie są porównywalne z powodu różnych założeń wstępnych.

**Teoria katastrof jest** teorią matematyczną, pozwalającą analizować sytuacje krytyczne, gdy znane jest prawo nauki wiążące parametry badanego modelu. Nie można jednak szukać tego prawa w samej teorii katastrof. Przy modelowania typu wióra zasadnicze wątpliwości budzi zależność energii od umownego kąta ścinania, któremu trudno przypisać ściśle fizykalne znaczenie.

**Teoria chaosu** nie przyczyniła się, jak do tej pory do opracowania liczącego się modelu tworzenia się wióra.

**Sieci neuronowe** mogą samodzielnie znaleźć nieliniowy model rozważanego systemu w trakcie jej uczenia na podanych przykładach. Ceną płaconą za tę wygodę jest brak pewności, że osiągnięty przy tym poziom błędu jest minimalny, a uzyskany model może być odległy od optymalnego. Dodatkową wadą modeli neuronowych jest to, że nie podlegają dalszemu doskonaleniu.

**METODY DOŚWIADCZALNE**

(q) (r) (s)

Elastooptyka, wizjoplastyczność, metalografia itp.

**METODY ANALITYCZNE**

(t) Metoda energetyczna

$E_c = F_c\, v_c$

$\frac{dE}{d\Phi} = 0 \Rightarrow \Phi = \frac{\pi}{4} - \frac{\Theta}{2} + \frac{\alpha}{2}$

(u) Metoda pola linii poślizgu

$p + 2k\psi = \eta$ = const.

$p - 2k\psi = \zeta$ = const.

**METODY NUMERYCZNE**

Metoda elementów skończonych

(v) $\Omega = \sum_{i=1}^{n} \Omega_i$

Teoria katastrof

(w) (x)

$\frac{dE}{d\phi} = 0$

wiór piłozębny

Teoria chaosu (techniki fraktalne)

(y)

$D_L = k \cdot \frac{\sum_{j=1}^{k} \lambda_j}{\lambda_{k+1}}$

Metody sztucznej inteligencji (sieci neuronowe)

(z)

**PROBLEM 1**

Nie istnieje model tłumaczący jednocześnie tworzenie się więcej niż jednego typu wióra. Wynika to między innymi z powszechnego przekonania, że należy modelować wyłącznie ustaloną fazę procesu skrawania.

**SKUTEK:** Brak jest wspólnego modelu, tłumaczącego zarówno mechanizm tworzenia wióra, jak i przyczyny przechodzenia od jednego do innego typu wióra. Dlatego też, coraz częściej mówi się o ograniczonej przydatności istniejących modeli, opartych na mechanice ośrodka ciągłego. Mimo to, zamiast poszukiwać nowych modeli fizykalnych, stawia się na skuteczność modelowania numerycznego (MES, sieci neuronowe itp.).

**PODSUMOWANIE**

**Wszystkie znaczące modele rozważają wyłącznie ustaloną fazę tworzenia się nieadiabatycznego wióra ciągłego. Sytuacja taka jest paradoksalna, bowiem z punktu widzenia skrawalności materiału najkorzystniejszym typem wióra jest wiór powstający wskutek pękania.**

**Oznacza to**, że istniejące modele nie są w stanie generować kryteriów pękania, a w ślad za tym, wyjaśnić tworzenie się wióra w warunkach nieadiabatycznych. **Wynika to** głównie z ograniczeń stosowanej tu mechaniki ośrodka ciągłego oraz ograniczeń modeli numerycznych, które nie wnoszą niczego nowego w poznanie fizykalnych związków przyczynowo-skutkowych.

**PROBLEM 2**

Techniki matematycznego modelowania nie przyczyniły się do takiego zgłębienia natury procesu tworzenia się wióra, aby możliwe stało się pełne wyjaśnienie mechanizmu tego procesu i przyczyn przechodzenia od jednego do innego typu wióra. Nie przyczyniają się też one do poszukiwanie nowych metod poprawy skrawalności materiałów.

**Wynika to z faktu, że** żaden z modeli matematycznych nie może wygenerować więcej fizyki, niż wprowadzono jej do modelu w postaci założeń wynikających z aktualnego pojmowania fizyki analizowanego procesu, do rozumienia której nie wystarcza już nawet wiedza na temat elementarnych mechanizmów odkształcenia plastycznego.

Rys. 1.5. Problemy modelowania procesu skrawania.

Mimo istnienia licznych modeli, ciągle najczęściej stosowanym modelem z grupy m o d e l i w i ó r a j e d n o r o d n e g o jest model Merchanta [22] (rys. 1.5b). Model ten pozwala, bowiem w stosunkowo prosty sposób tłumaczyć mechanizm tworzenia się wióra, a co ważniejsze, umożliwia obliczanie poszczególnych składowych sił i energii skrawania. Najsłabszą stroną modelu Merchanta jest założenie o stałości wartości odkształcenia wzdłuż umownej płaszczyzny ścinania, sugerujące jednoczesne ścinanie materiału wzdłuż tej płaszczyzny. Pogląd taki jest wielce dyskusyjny, ponieważ sugerowany mechanizm wydaje się mało prawdopodobny z fizykalnego punktu widzenia. Podobne zastrzeżenia wysuwane są pod adresem kryterium sformułowanym przez Merchanta, to jest dotyczącego minimum energii skrawania. Zdaniem Hill'a [23, 24], kryterium to nie może być stosowane w odniesieniu do procesu skrawania, ponieważ nie można zakładać tu pełnej znajomości geometrii odkształceń, a sam model jest zbyt odległy od fizykalnej natury procesu. Ponadto, model Merchanta nie wyjaśnia, dlaczego skrawanie materiałów z małą wytrzymałością na ścinanie może wymagać więcej energii, niż skrawanie materiałów z wyższą wytrzymałością na ścinanie. Mimo tych wad, model Merchanta stosowany jest do dnia dzisiejszego, do opisu skrawania swobodnego [25], toczenia [26], frezowania [27, 28] i wiercenia [29]. Liczne jego modyfikacje przyniosły m. in. wprowadzenie krzywoliniowej płaszczyzny ścinania [30, 31], a także rozważania na temat kąta kierunku ścinania na teoretycznej płaszczyźnie ścinania, niezgodnego z kierunkiem spływu wióra [32].

Problemu przewidywania różnych typów wióra nie rozwiązały również modele bazujące na teorii pola linii poślizgu [33 ÷ 38] (rys. 1.5c-h). Modele te wywodzą się bowiem z teorii plastyczności ośrodka ciągłego, idealnie plastycznego. Nie poprawiło tu również sytuacji wprowadzenie modelu ciała z umocnieniem odkształceniowym [39]. Wynika to głównie z tego, że mechanika ośrodka ciągłego zakłada makroskopową jednorodność odkształcanego materiału, co uniemożliwia wnioskowanie o przyczynach pękania przy ścinaniu, a tym samym o przyczynach ewentualnej zmiany typu wióra.

Ważnym osiągnięciem było natomiast opisanie zjawisk trybologicznych w procesie skrawania, uwzględniających kontakt narzędzia z wiórem [40 ÷ 43] (rys. 1.5i,j). Umożliwiło to m. in. wyjaśnianie zjawiska narostu [44] i zużycia narzędzi [45], a także opracowanie założeń dla materiałów narzędziowych i powłok ochronnych.

W grupie m o d e l i w i ó r a n i e j e d n o r o d n e g o (rys. 1.5k-m) największe zastosowanie znajduje model Rechta [46, 47], wykorzystywany i modyfikowany później przez innych [48 ÷ 57] (rys. 1.5m), dotyczący tworzenia się wióra piłozębnego, jaki powstaje w warunkach adiabatycznych, to jest w przypadku utrudnionej wymiany ciepła z otoczeniem. Oznacza to jednak brak możliwości wyjaśnienia przyczyn tworzenia się wióra niejednorodnego w warunkach nieadiabatycznych.

Reasumując, można stwierdzić, że podstawowe przyczyny małej efektywności znanych modeli w zakresie przewidywania określonego typu wióra i zmiany jego postaci można przypisać ograniczeniom wynikającym głównie z teorii plastyczności ośrodka ciągłego. Teoria ta nie uwzględnia, bowiem w dostatecznym stopniu niejednorodności odkształcenia plastycznego, mogącej decydować o skłonności materiału do pękania.

**B) Analiza możliwości wydzielenia obszarów występowania poszczególnych typów wióra niejednorodnego na mapach mechanizmów odkształceń**

Wyniki analizy sygnalizowanej tytułem niniejszego podrozdziału, zamieszczono na rysunku 1.5, w części poświęconej problemom wynikającym z najczęściej stosowanej interpretacji mechanizmu odkształceń plastycznych.

Jak wynika ze wspomnianej części rysunku 1.5, analizowana grupa procesów skrawania leży w obszarze odkształceń poprzez poślizg dyslokacji (rys. 1.5n). Tymczasem, w całym obszarze odkształceń poprzez poślizg dyslokacji, możliwe jest jedynie wydzielenie obszaru występowania wióra piłozębnego, powstającego wskutek lokalizacji odkształceń w adiabatycznych pasmach ścinania (rys. 1.5o). Pozostałe typy wióra, to jest wiór ciągły, segmentowy i elementowy, powstają w warunkach izotermicznych, typowych dla prędkości odkształceń $\dot{\gamma}$ mniejszych na ogół od ok. $10^2$ $s^{-1}$ (rys. 1.5o), co w rzeczywistości zależy od własności ścinanego materiału (patrz rys. 1.8b).

Reasumując, można stwierdzić, że ciągle brakuje odpowiedzi na pytanie, w jaki sposób tworzą się różne typy wióra nieadiabatycznego w ramach działania tego samego, dyslokacyjnego mechanizmu odkształceń.

**C) Analiza stosowanych metod i technik modelowania**

Wyniki analizy ograniczeń metod i technik modelowania, stosowanych w przypadku skrawania, zestawiono w trzeciej części planszy, przedstawionej na rysunku 1.5.

Jak wynika z rysunku 1.5q-s, stosowane tutaj m e t o d y d o ś w i a d c z a l n e mają charakter makroskopowy, a w najlepszym razie uciekają się do metod mikroskopii optycznej. Przykłady stosowania tych metod znaleźć można w literaturze [59 ÷ 66].

Stosowane m e t o d y a n a l i t y c z n e ograniczają się natomiast głównie do metod energetycznych i metody pola linii poślizgu [28, 67, 68] (rys. 1.5t,u). Ograniczenia tych metod zostały już określone wcześniej. W tym miejscu można natomiast dodać ograniczenie wynikające z nadużywania pojęcia umownego kąta ścinania w równaniach na energię skrawania (rys. 1.5t). Kąt ten nie jest bowiem fizycznym parametrem procesu, ponieważ określa jedynie położenie abstrakcyjnej płaszczyzny, oddzielającej wiór od rodzimego materiału. Nie można więc w tym przypadku utożsamiać ani tej płaszczyzny, ani jej położenia z rzeczywistym rozkładem odkształceń – od którego zależy obliczana energia.

W analizie procesu skrawania coraz częściej stosowane są m e t o d y n u m e r y c z n e, i to nie tylko z uwagi na ich ekonomię, ale przede wszystkim z powodu nieefektywności obecnych, fizykalnych modeli procesu tworzenia się wióra. Do najczęściej stosowanych metod numerycznych należą: metoda elementów skończonych [69 ÷ 79], teoria katastrof [80 ÷ 82], teoria chaosu [83, 84] oraz sieci neuronowe [85 ÷ 88] (rys. 1.5v-z). Metody te umożliwiają bardziej symulację omawianego procesu niż określanie rzeczywistych związków przyczynowo-skutkowych, nie są bowiem w stanie wygenerować więcej fizyki niż sugeruje jej określony model skrawania i związana z nim teoria odkształceń.

Podsumowując, można stwierdzić, że metody numeryczne w zasadzie nie pozwalają na prognozowanie przebiegu i skutków skrawania, a mogą jedynie ułatwić efektywniejsze wykorzystanie aktualnego stanu wiedzy, który i tak budzi nieustające wątpliwości. Obecny stan wiedzy na temat skrawania nie ułatwia na przykład pozbycia się istotnego paradoksu, polegającego na założeniu, że właściwym jest wyłącznie modelowanie wióra ciągłego. Tymczasem, jest to najbardziej niekorzystny typ wióra, a jego modele nie są w stanie określić warunków niezbędnych do jego przejścia w bardziej korzystną postać wióra elementowego, który zapewnia mniejsze zużycie energii i narzędzi oraz jest najbardziej pożądany z punktu widzenia obrabiarek sterowanych numerycznie [78, 89, 90]. Modelowanie takiego wióra wymaga jednak uwzględnienia skłonności materiału do pękania, której to nie są w stanie przewidzieć modele wióra ciągłego. Te ostatnie nie generują bowiem, ani też nie wykorzystują znanych kryteriów lokalizacji odkształceń i pękania materiałów.

### 1.2.2. Problemy wynikające z braku możliwości generowania kryteriów lokalizacji odkształceń i pękania materiałów przez znane modele procesu skrawania

Jak już wspomniano, znane modele tworzenia się wióra w zasadzie nie generują kryteriów lokalizacji odkształceń i pękania materiału. Wyjątek stanowi jedynie model wióra piłozębnego, uwzględniający lokalizację w adiabatycznych pasmach ścinania (rys. 1.7n).

W związku z powyższym, zasadniczym celem niniejszego podrozdziału jest analiza ogólnych kryteriów lokalizacji odkształceń i pękania materiałów (rys. 1.6) oraz próba odpowiedzi na pytanie, dlaczego kryteria te nie znalazły właściwego miejsca w modelowaniu omawianego tu procesu skrawania.

Rysunek 1.6 również stanowi planszę składającą się z trzech części. Pierwsza z tych części dotyczy kryteriów lokalizacji odkształceń przy ścinaniu i rozciąganiu. Druga część przedstawia mapy mechanizmów odkształceń, obrazujące położenie obszaru ścinania adiabatycznego w zależności od temperatury i prędkości odkształceń oraz rodzaju materiału. Trzecia część planszy dotyczy kryteriów pękania.

## Problemy wynikające z aktualnych kryteriów lokalizacji odkształceń i kryteriów pękania

### Problemy wynikające z aktualnie stosowanych kryteriów lokalizacji odkształceń

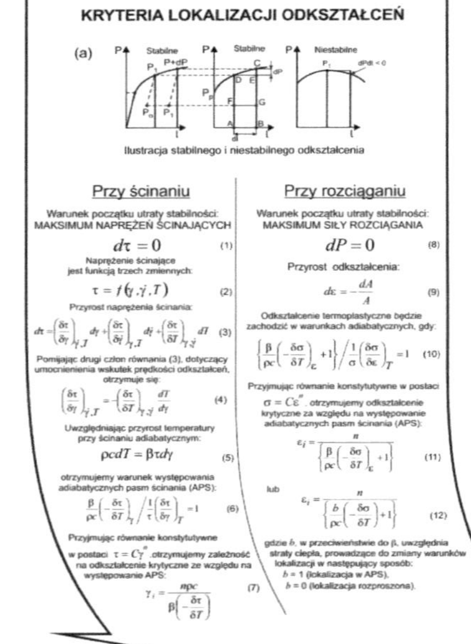


Kryteria lokalizacji odkształceń nie wskazują na bezpośredni związek lokalizacji odkształceń z późniejszym pękaniem oraz nie utożsamiają lokalizacji rozproszonej z potencjalnym rozwojem nie uwzględnianych tu, nieadiabatycznych pasm ścinania.

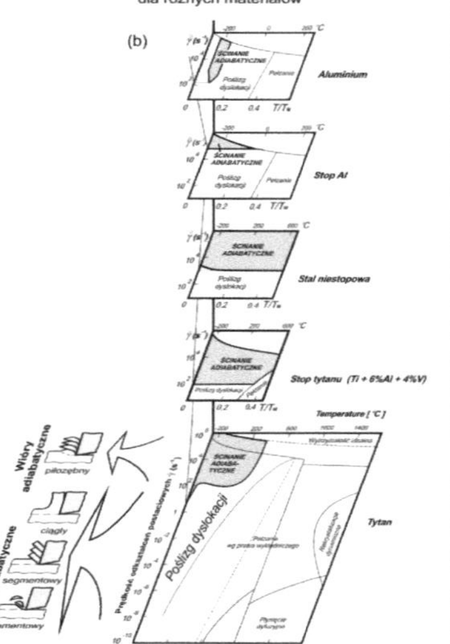


Aktualne mapy mechanizmów odkształceń plastycznych, w połączeniu z kryteriami tworzenia się adiabatycznych pasm ścinania, pozwalają jedynie na jednoznaczne wydzielenie obszarów ścinania adiabatycznego, jako podobszaru strefy odkształceń przez poślizg dyslokacji. **Oznacza to** brak możliwości wydzielenia obszarów tworzenia się różnych typów wióra w warunkach nieadiabatycznych. **Oznacza to również**, że w temperaturze pokojowej może wystąpić ścinanie nieadiabatyczne w całym zakresie realnych prędkości odkształceń (np.dla aluminium).

### Problemy wynikające z aktualnie stosowanychkryteriów pękania

**Kryteria energetyczne** są zbyt globalne w porównaniu z lokalną naturą mechanizmu pękania plastycznego. Ponadto, nie generują kryteriów sterowania pękaniem.

Kryteria pękania plastycznego poprzez zarodkowanie i rozwój pustek bazują na kryterium pękania ciał porowatych:

$$\int_0^{\varepsilon_p} \left(1 + A\frac{\sigma_m}{\bar{\sigma}}\right) \rho d\bar{\varepsilon} = C_6$$

Kryteria te nie mogą być stosowane w przypadku czystych metali i materiałów jednofazowych. Podobnie, jak kryteria energetyczne, nie umożliwiają sterowania trajektorią pękania plastycznego.

**KRYTERIA PĘKANIA**

**1. Kryteria nie związane z konkretnym modelem pękania**
(kryteria pracy odkształcenia plastycznego)

$$\int_0^{\varepsilon_p} \sigma d\varepsilon = C_1$$

**Freudenthal (1950)** (kryterium pracy odkszt. plast.)

$$\int_0^{\varepsilon_p} \sigma_1 d\varepsilon = C_2$$

**Cockcroft, Latham (1968)** (kryterium energii rozciągania)

$$\int_0^{\varepsilon_p} \frac{2\sigma_1}{3(\sigma_1 - \sigma_k)} d\varepsilon = C_3$$

**Brozzo (1972)** (kryterium uwzględnia wpływ ciśnienia hydrostatycznego)

$$\int_0^{\varepsilon_p} \left(\frac{\sigma_1}{\sigma_p} + b\frac{\sigma_2}{\sigma_p}\right) \sigma_p d\varepsilon = C_4$$

**Marciniak - Kuczyński (1979)** (kryterium dotyczy pękania blach)

$$\int_0^{\varepsilon_p} \left(\frac{\sigma_1}{\sigma_p} + a\frac{\sigma_m}{\sigma_p}\right) \sigma_p d\varepsilon = C_5$$

**Gronostajski (1976)** (kryterium uwzględnia oddziaływanie naprężenia średniego $\sigma_m$)

**2. Kryteria związane z modelem mechanizmu pękania**

$$\varepsilon_p = \frac{(1-m)\ln(l_v / 2b_v)}{\sinh \dfrac{(1-m)(\sigma_a - \sigma_b)}{2\sigma_p / \sqrt{3}}}$$

**McClintock (1968)** kryterium dotyczy materiału z pustkami cylindrycznymi

**MECHANIZM PĘKANIA PLASTYCZNEGO**
WSKUTEK ZARODKOWANIA PUSTEK WOKÓŁ WTRĄCEŃ I WYDZIELEŃ

(c)

1. Słabą stroną kryteriów bazujących na zarodkowaniu pustek wokół wtrąceń i wydzieleń jest arbitralny charakter warunku łączenia się pustek oraz pomijanie niestabilności geometrycznych i materiałowych, które mogą prowadzić do lokalizacji odkształceń. Ewentualną lokalizację odkształceń traktuje się przy tym jako zjawisko wtórne względem zarodkowania i rozwoju pustek - zależne od wielkości i wzajemnej odległości pustek
2. Ogólnie rzecz biorąc, aktualne kryteria pękania plastycznego nie określają możliwości zapobiegania pękaniu, a przez to są mało przydatne do sterowania typem wióra.

Rys. 1.6. Problemy wynikające z aktualnych kryteriów lokalizacji odkształceń i kryteriów pękania.

**A) Analiza znanych kryteriów lokalizacji odkształceń**

Jak wynika z pierwszej części rysunku 1.6, stosunkowo łatwo można znaleźć kryterium właściwe z punktu widzenia lokalizacji odkształceń w adiabatycznych pasmach ścinania [91, 92] (rys. 1.6, wzór 6). Można również obliczyć krytyczną wartość odkształcenia postaciowego (rys. 1.6, wzór 7), po osiągnięciu której dojdzie do lokalizacji odkształceń w adiabatycznych pasmach ścinania, co zależy głównie od: współczynnika umocnienia *n*, gęstości materiału $\rho$, współczynnika przewodnictwa cieplnego *c* oraz współczynnika $\beta$, określającego stopień zamiany pracy odkształcenia plastycznego w ciepło.

W pracach wielu badaczy zjawiska lokalizacji odkształceń [93 ÷ 99] stosowane jest też kryterium umożliwiające określenie warunków lokalizacji odkształceń lub jej braku w adiabatycznych pasmach ścinania – przy założeniu, że nie całe ciepło (wyrażone poprzez współczynnik $\beta$ w równaniu 11 na rys. 1.6), lecz tylko jego część (współczynnik *b* w równaniu 11 na rys. 1.6) zostanie zachowana w odkształcanym materiale. Kryterium to nie precyzuje jednak rodzaju lokalizacji nieadiabatycznej – sugeruje jedynie, że będzie to lokalizacja rozproszona, utożsamiana najczęściej z powstawaniem szyjki przy rozciąganiu. Nie wskazuje to jednak na konkretny mechanizm tej lokalizacji, tak istotny z uwagi na potencjalne pękanie tak osłabionego materiału.

**B) Analiza przydatności kryteriów lokalizacji odkształceń do przewidywania obszarów występowania różnych typów wióra na mapach mechanizmów odkształceń**

W rozważanym tu przypadku skrawania, wspomniane wyżej kryteria ułatwiają wydzielenie obszaru ścinania adiabatycznego i związanego z nim wióra piłozębnego (rys. 1.6b). Tymczasem, pozostałym typom wióra, to jest wiórom nieadiabatycznym, można przypisać cały pozostały obszar działania mechanizmy odkształceń poprzez poślizg dyslokacji, bez możliwości precyzyjnego wydzielenia obszarów występowania określonego typu wióra nieadiabatycznego. Nie dość tego, ta pozostała część analizowanego obszaru nie jest mała i może obejmować nawet cały zakres potencjalnych prędkości odkształceń (patrz rys. 1.6b – aluminium odkształcane w temperaturach wyższych od około -200$^0$C). Z rysunku 1.6b wynika więc, że kryteria tworzenia się adiabatycznych pasmach ścinania nie rozwiązują problemu tworzenia się innych form lokalizacji odkształceń, to jest związanych z mechanizmem powstawania wióra nieadiabatycznego. Warto zauważyć, że ten ostatni typ wióra może wystąpić w całym zakresie możliwych prędkości odkształceń: w przedziale od $10^{-6}$ do $10^6$ $s^{-1}$ (patrz: rys. 1.6b, przypadek *A/*). Wskazuje to, że prędkość odkształceń nie stanowi kryterium decydującego o podziale procesów ścinania na ścinanie z jednym i z dwoma koncentratorami naprężeń, a w związku z tym traktowanie skrawania jako procesu absolutnie wyjątkowego ze względu na duże prędkości odkształceń jest nieuzasadnione.

### C) Analiza kryteriów pękania plastycznego

Odrębny problem stanowi użyteczność kryteriów pękania plastycznego, to jest pękania dominującego przy ścinaniu materiałów. Jak wynika z rysunku 1.6, kryteria te podzielić można na dwie grupy. Pierwszą z nich stanowią kryteria energii odkształcenia plastycznego, które, jako takie, nie są związane z żadnym modelem pękania [100 ÷ 103]. Druga grupa kryteriów wywodzi się natomiast z kryterium pękania ciał porowatych i bazuje na modelu pękania plastycznego, poprzez rozwój istniejących pustek lub tworzących się wokół wtrąceń i wydzieleń [104 ÷ 107] (rys. 1.6c). Z przeprowadzonej tu analizy wynika, że kryteria energetyczne są zbyt globalne w porównaniu z naturą mechanizmu pękania plastycznego. Kryteria pękania plastycznego poprzez zarodkowanie i rozwój pustek przestają być przydatne w przypadku czystych metali i stopów jednofazowych. Ponadto, obie grupy kryteriów pękania plastycznego nie generują kryteriów sterowania przebiegiem tego pękania. Nie mogą być również wkomponowane w aktualne modele tworzenia się wióra, to jest modele wywodzące się głównie z mechaniki ośrodka ciągłego. Jedyne, co można tu zrobić, to wykorzystać te kryteria w ramach odrębnej dyscypliny naukowej, jaką jest mechanika pękania. Niemniej jednak, wciąż pozostaje otwartym pytanie o pełną możliwość i efektywność wykorzystania tych kryteriów do sterowania typem wióra, skoro sterowanie takie nie jest wkomponowane prawie w żaden z istniejących obecnie modeli tworzenia się wióra.

Reasumując, można stwierdzić, że najmniej rozpoznanym zjawiskiem w obszarze odkształcania materiałów poprzez poślizg jest nieadiabatyczna lokalizacja odkształceń i jej związek z mechanizmami tworzenia się różnych typów wióra, a w tym ciągłego, segmentowego i elementowego. Ponadto, trzeba stwierdzić, że lokalizacja tego typu jest traktowana przez popularne modele pękania plastycznego, jako zjawisko wtórne względem zarodkowania i rozwoju pustek. Wszystko to razem budzi wątpliwości co do spójności aktualnych koncepcji modelowania procesu skrawania i jest niejasne w przypadku możliwości uzyskania takiej spójności, szczególnie w przypadku ścinania czystych metali i stopów jednofazowych. Oznacza to pilną potrzebę opracowania nowej koncepcji modelowania tej grupy procesów.

## 1.2.3. Geneza pracy

Genezę pracy (rys. 1.7) sformułowano w postaci wniosku, płynącego z analizy problemów, podsumowanych na planszach na rys. 1.5 i rys. 1.6.

Jak wynika z rysunku 1.7, sformułowanie genezy poprzedzają dwa wnioski generalne, wynikające z podsumowań analiz zamieszczonych na rysunkach 1.5 i 1.6. Pierwszy z tych wniosków dotyczy problemów modelowania mechanizmu tworzenia się wióra, a drugi problemów dotyczących stosowalności kryteriów lokalizacji odkształceń i pękania.

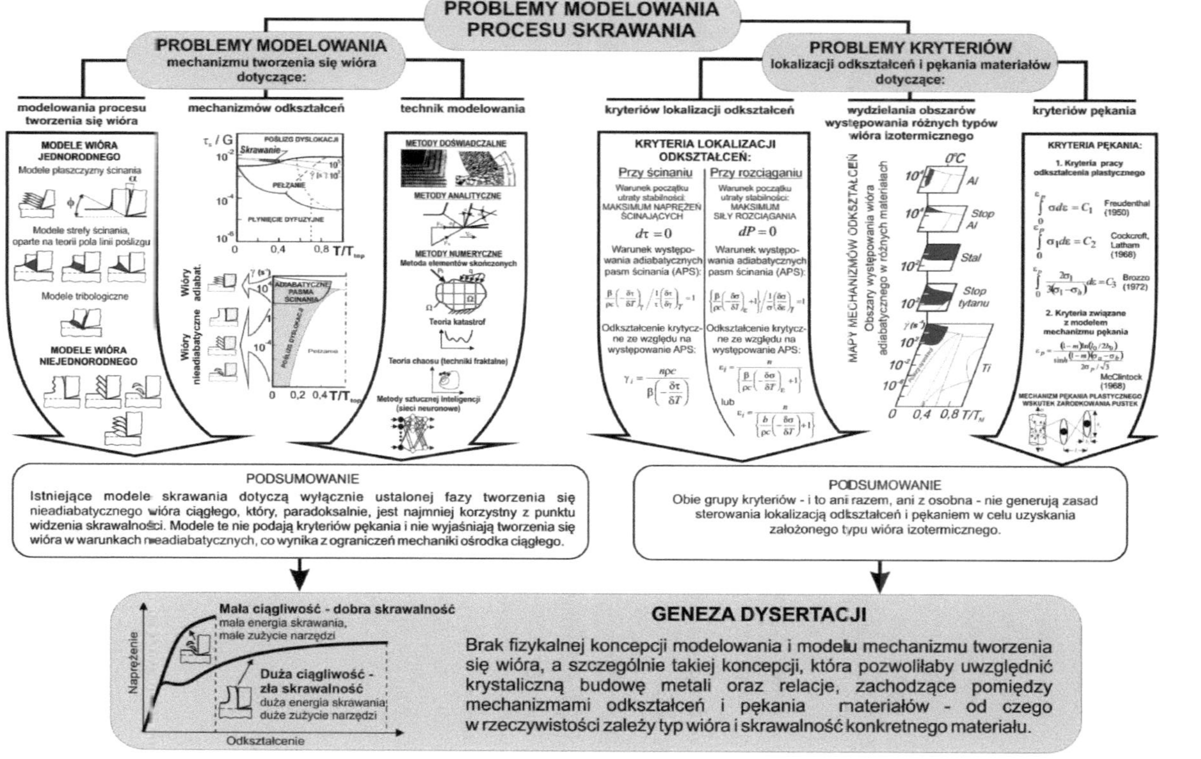


Rys. 1.7. Geneza pracy (szczegóły: patrz rys. 1.5 i 1.6).

Wnioski te brzmią następująco:

1. W przypadku znanych modeli tworzenia się wióra, paradoksalnym jest to, że z punktu widzenia skrawalności materiałów, najkorzystniejszym typem wióra jest wiór powstający wskutek pękania - gdy tymczasem wszystkie znaczące modele rozważają wyłącznie ustaloną fazę tworzenia się wióra ciągłego, tworzącego się bez udziału pękania.
   Oznacza to, że modele te nie są w stanie generować kryteriów pękania, a w ślad za tym, wyjaśnić tworzenie się innych typów wióra.
   Wynika to głównie z ograniczeń stosowanej tu mechaniki ośrodka ciągłego oraz ograniczeń modeli numerycznych, które nie wnoszą niczego nowego w poznanie fizykalnych aspektów analizowanego procesu.
2. Obie grupy kryteriów - i to ani razem, ani z osobna - nie generują zasad sterowania lokalizacją odkształceń i pękaniem w celu uzyskania założonego typu wióra izotermicznego.

W związku z powyższym, za podstawową przyczynę (genezę) niniejszej dysertacji należy uznać:

**Brak fizykalnej koncepcji modelowania oraz modelu mechanizmu tworzenia się wióra, a szczególnie takiej koncepcji, która pozwoliłaby uwzględnić krystaliczną budowę metali oraz relacje, zachodzące pomiędzy mechanizmami odkształceń i pękania materiałów - od czego w rzeczywistości zależy typ wióra i skrawalność konkretnego materiału.**

## 1.3 Nowe tendencje w badaniu i modelowaniu procesów bazujących na przecinaniu

### 1.3.1. Mezomechanika, jako remedium na ograniczenia i niespójność klasycznej mechaniki ośrodka ciągłego oraz mechaniki pękania i teorii dyslokacji

Stwierdzony w poprzednim rozdziale kryzys w rozwoju modelowania procesów bazujących na ścinaniu z jednym aktywnym koncentratorem naprężeń można wyjaśnić przede wszystkim nadmierną koncentracją uwagi na ustalonej fazie tworzenia się wióra ciągłego (patrz rys. 1.5) oraz brakiem spójności aktualnych teorii odkształceń i pękania materiałów (patrz rys. 1.6).

Konwencjonalny opis odkształcenia plastycznego i pękania materiałów opiera się bowiem na dwóch podejściach, to jest na:

- teorii dyslokacji,
- mechanice ośrodka ciągłego.

Teoria dyslokacji opisuje mikroskopowe zachowanie się odkształcanego materiału. i bazuje ona na badaniu elementarnych aktów odkształcenia plastycznego. Podstawowym celem teorii dyslokacji było określenie mechanizmu zarodkowania odkształcenia plastycznego oraz kruchego pękania materiałów, to jest pękania bez wyraźnych odkształceń plastycznych w skali makroskopowej (dyslokacyjne modele pękania). Teoria ta odniosła niewątpliwy sukces w zakresie opisu zachowania się różnego rodzaju defektów w skali mikroskopowej. Jej najpoważniejsze ograniczenie wynika z tego, że przedmiotem jej rozważań jest odkształcenie plastyczne, zachodzące jedynie wskutek translacyjnego ruchu defektów (dyslokacji).

Mechanika ośrodka ciągłego opisuje natomiast zachowanie się materiału pod obciążeniem, stosując integralne charakterystyki materiału [4, 108]. Tensory naprężeń i odkształceń są symetryczne, a odkształcenie plastyczne jest traktowane głównie jako przemieszczenie materiału, z pominięciem obrotów sieci. Metodyka taka jest, co prawda, zgodna z prawami fizyki i matematyki, ale stosowana być może tylko do opisu własności ośrodka jednorodnego makroskopowo.

Wielokrotne próby powiązania obu wyżej wymienionych teorii w jedną, organicznie spójną całość nie przyniosły zadowalających efektów.

W konwencjonalnej fizyce i mechanice pękania – rozwijającej się niezależnie od obu wymienionych wyżej teorii – zakładano natomiast, że rzeczywiste ciała zawierają mikropęknięcia, istniejące w nich, zanim materiał dozna jakichkolwiek obciążeń i odkształceń. Pękanie jest rozważane przy tym, głównie jako rozwój tych wcześniejszych mikropęknięć. Takie pojmowanie pękania sprawiało, jak już wspomniano, że mechanika odkształceń i mechanika pękania rozwijały się zupełnie niezależnie od siebie.

Stosunkowo niedawno pojawiła się nowa dyscyplina naukowa, której nadrzędnym celem stało się wypełnienie luki pomiędzy mikroskopowymi i makroskopowymi teoriami odkształceń i pękania materiałów. Dyscyplinę tę nazwano mezomechaniką [109 - 111]. Słowo *mezo,* pochodzące z języka greckiego można przetłumaczyć jako określające coś pośredniego. Mezomechanika dotyczy więc działu fizyki (mechaniki), wypełniającego lukę pomiędzy teorią dyslokacji (poziom mikro) i mechaniką ośrodka ciągłego (poziom makro). Co ważniejsze, mezomechanika pozwala odwoływać się do nowego typów defektów sieciowych, to jest uwzględnia obroty sieci, czego nie czyniła do tej pory żadna inna teoria odkształceniowa. Oznacza to, że mezomechanika stwarza możliwość płynnego przejścia od mikroskopowego do makroskopowego poziomu rozważanych zjawisk.

Mezomechanika przyniosła nowe możliwości opisu mechanizmów odkształceń i pękania materiałów i interpretacji ich skutków makroskopowych. Wykorzystywana ona jest zarówno do tworzenie podstawowych modeli fizykalnych [112, 113], jak i numerycznych [114 ÷ 116]. Jednym z przykładów efektywności mezomechanicznego podejścia do analizy i opisu skutków odkształcenia plastycznego może być opracowana i rozwijana przez E. S. Dzidowskiego mezomechanika procesu ścinania [97, 117 ÷ 132]. Dzidowski wykazał, że dzięki mezomechanicznemu podejściu do ścinania zrezygnować można z postulatu obecności mikropęknięć w wyjściowym stanie materiału oraz wyjaśnić jego pękanie skutkami ewolucji struktury dyslokacyjnej na poziomie mezoskopowym.

Autor niniejszej pracy jest przekonany, że mezomechaniczną koncepcję Dzidowskiego, dotyczącą modelowania procesu przecinania, można rozszerzyć na przypadek skrawania. Dlatego też, zasadniczym celem następnych podrozdziałów jest krótka prezentacja koncepcji Dzidowskiego, po omówieniu której nastąpi sformułowanie tez dysertacji.

### 1.3.2. Mezomechaniczna koncepcja i kryteria sterowania przecinaniem plastycznym – według Dzidowskiego

W mezomechanicznej koncepcji ścinania według Dzidowskiego najważniejszą rolę odgrywają strukturalne poziomy odkształceń plastycznych, a szczególnie poziom mezoskopowy. Uwzględnienie poziomu mezoskopowego pozwala wykorzystać nowy typ defektów struktury, niezwykle ważny z punktu widzenia skłonności materiału do pękania przy dużych odkształceniach plastycznych. Defektami tymi są obroty sieci, prowadzące do znacznej dezorientacji podstruktury w obrębie mezoskopowych, izotermicznych pasm ścinania [133 ÷ 137]. Koncepcję Dzidowskiego, dotyczącą wykorzystania tych nowych defektów struktury w modelowaniu procesów ścinania ilustrują rysunki 1.8 do 1.10.

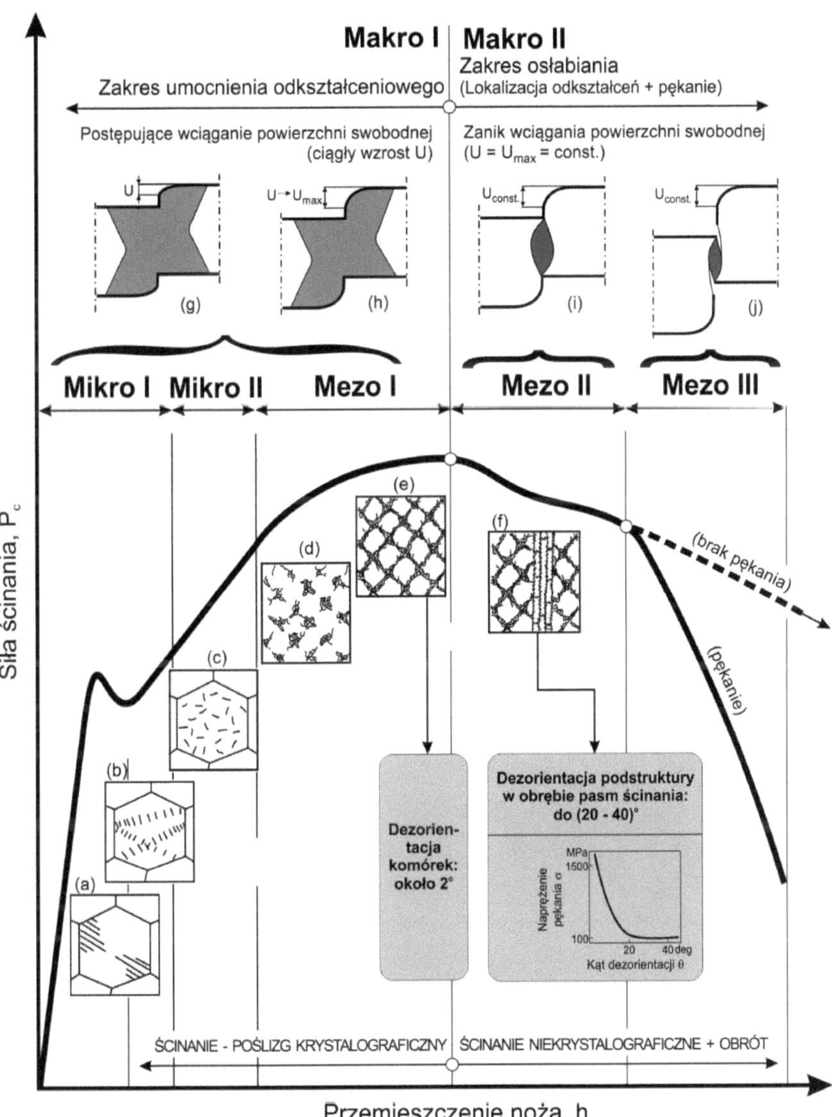


Rys. 1.8. Mezomechaniczna koncepcja przecinania plastycznego (wg Dzidowskiego), bazująca na strukturalnych poziomach odkształcenia, a szczególnie na ewolucji struktury dyslokacyjnej: (a-f) - schematy dotyczące faz ewolucji struktury dyslokacyjnej; (g-j) - schematy dotyczące makroskopowego rozwoju odkształceń; gdzie: (a) - linie poślizgu, (b) - płaskie spiętrzenia dyslokacji, (c) - równomierny rozkład dyslokacji, (d) - sploty dyslokacji, (e) - struktura komórkowa, (f) - mezoskopowe pasma ścinania izotermicznego; przy czym (g-h) dotyczy fazy umocnienia odkształceniowego i towarzyszącego mu całkowitego wciągania powierzchni swobodnej $U_{max}$; (i-j) - rozwój odkształcenia wyłącznie w strefie lokalizacji odkształceń, to jest bez dalszego wciągania powierzchni swobodnej ($U=U_{max}$=const.).

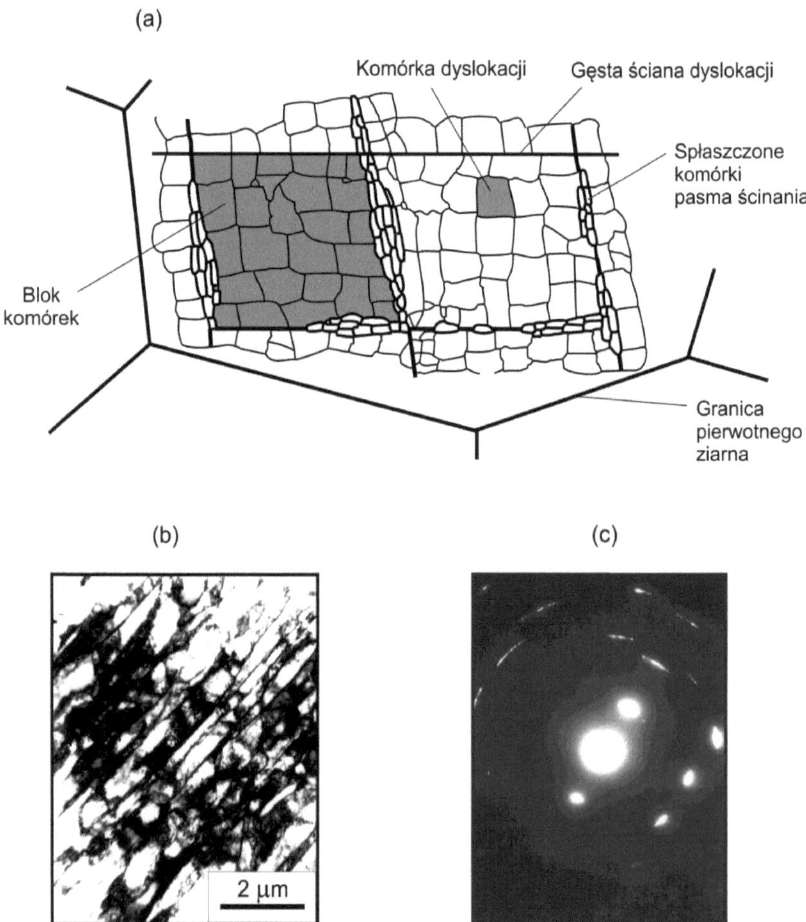


Rys. 1.9. Definicja pasm ścinania (a) i ich struktura obserwowana za pomocą elektronowego mikroskopu prześwietleniowego (TEM) (b) oraz obraz dyfrakcyjny (c), uwidaczniający wzajemną dezorientację podstruktury wewnątrz mezoskopowych pasm ścinania izotermicznego.

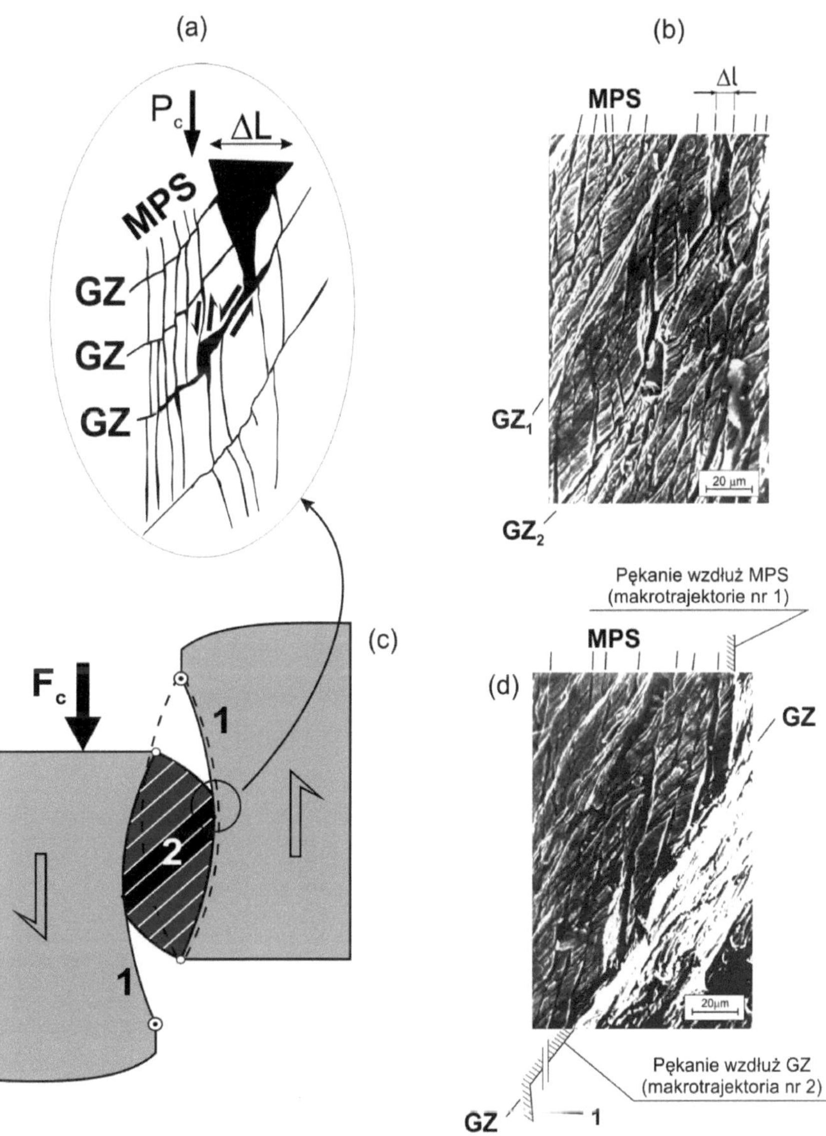


Rys. 1.10. Mezomechaniczny model ścinania, tłumaczący związek pękania z lokalizacją odkształceń w mezoskopowych pasmach ścinania izotermicznego (wg E. S. Dzidowskiego); (a) - model pękania wzdłuż MPS; (b) - potwierdzenie mechanizmu pękania wzdłuż MPS, prowadzącego do rozwarcia Δl (SEM); (c) - makroskopowy model pękania; (d) - potwierdzenie mechanizmu łączenia się przeciwległych trajektorii pękania (1) poprzez zmianę mechanizmu i kierunku rozwoju makroskopowej trajektorii pękania (2), SEM.

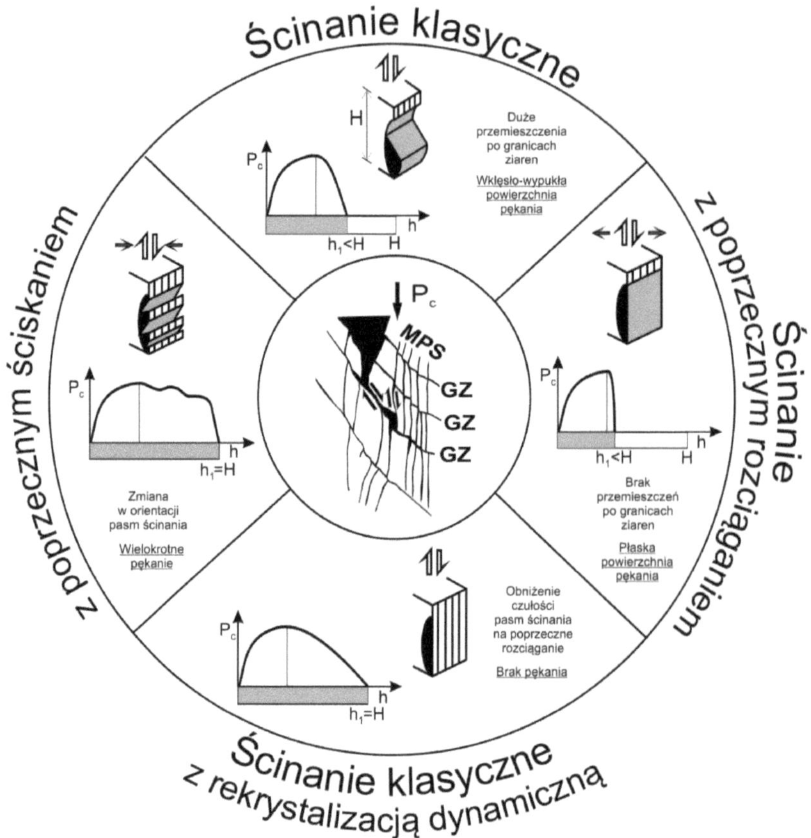


Rys. 1.11. Możliwości sterowania procesem przecinania wynikające z mezomechanicznego modelu E.S. Dzidowskiego. Oznaczenia: Pc - siła ścinania; h - przemieszczenie; h1 - przemieszczenie odpowiadające zupełnemu spadkowi siły; H - wysokość przecinanej próbki; MPS - mezoskopowe pasma ścinania izotermicznego; GZ - granice ziaren.

Jak wynika z rysunku 1.8, za makroskopowe zachowanie się ścinanego materiału odpowiedzialny jest przebieg ewolucji struktury dyslokacyjnej, a szczególnie ta faza ewolucji, która prowadzi do utworzenia mezoskopowych, izotermicznych pasm ścinania (rys. 1.8f).

Powstanie tych pasm skutkuje z jednej strony makroskopową lokalizacją odkształceń (rys. 1.8i), a z drugiej strony silną dezorientacją podstruktury w obrębie pasm ścinania (porównaj rys. 1.8f i 1.8e). To właśnie tę dezorientację uważa się tu za nowy typ defektu strukturalnego, i czyni się ją odpowiedzialną za obniżenie naprężenia pękania (wykres na rys. 1.8f) i związany z tym, wzrost skłonności materiału do pękania wzdłuż izotermicznych pasm ścinania.

Strukturalne aspekty lokalizacji odkształceń w izotermicznych pasmach ścinania wyjaśnia schemat i elektronografie przedstawione na rysunku 1.9. Więcej informacji na temat pasm ścinania można znaleźć w pracach [97, 138 ÷ 153].

Rysunek 1.10 ilustruje mezoskopowo-makroskopowy model mechanizmu ścinania według Dzidowskiego (rys. 1.10a,c) oraz wyniki doświadczalnej weryfikacji tego modelu (rys. 1.10b,d).

Jak wynika z tego rysunku, pękanie rozwija się wzdłuż izotermicznych pasm ścinania i polega na stopniowej utracie spójności kolejnych ziaren, przecinanych przez te pasma. Do rozwarcia tego dochodzi pod wpływem naprężeń rozciągających, działających poprzecznie do pasma ścinania i generowanych w naturalny sposób wskutek przemieszczeń materiału po zdefektowanych granicach ziaren. Zdefektowanie to stanowi skutek interakcji pasm ścinania z granicami ziaren. Tak więc, generowanie wspomnianych naprężeń rozciągających jest ułatwiane zarówno przez rozwarstwienie materiału wzdłuż granic ziaren (rys. 1.10b – granica $GZ_2$), jak i silne pochylenie tych granic względem rozwijających się pasm ścinania. Granice te tworzą w efekcie coś w rodzaju równi pochyłych, po których usiłuje się ześlizgnąć ścinany materiał w kierunku poprzecznym do kierunku rozwoju pasm ścinania MPS. Efektem połączenia ścinania wzdłuż MPS i przemieszczenia (poślizgu) po $GZ_2$ jest rozwieranie się materiału wzdłuż MPS (rys. 1.10b). Do największego z tych rozwarć, oznaczonego na rysunku 1.10b symbolem $\Delta l$, dochodzi w miejscu występowania największego gradientu odkształceń, to jest na granicy strefy lokalizacji odkształceń (patrz rys. 1.10c). Dlatego też, przy przecinaniu obserwuje się dwa przeciwległe pęknięcia, rozwijające się po granicach strefy lokalizacji odkształceń (rys. 1.10c). W końcowej fazie ścinania, dochodzi do połączenia się tych pęknięć wskutek zmiany mechanizmu i kierunku rozwoju pękania. Zmiana mechanizmu pękania polega w tym przypadku na przejściu od pękania od MPS do pękania wzdłuż GZ (patrz rys. 1. 10c i 1. 10d).

Reasumując, można stwierdzić, że wszystko to co ważne z punktu widzenia skłonności do pękania lub jej braku, zależy od własności i sposobu rozwoju pasm ścinania, tworzących makroskopową strefę lokalizacji odkształceń. Innymi słowy, mezoskopowy model ścinania według Dzidowskiego wskazuje na ważność i wzajemne powiązanie takich mezoskopowych i makroskopowych kryteriów ścinania, jak:

1. obecność izotermicznych pasmach ścinania i własności granic ich podstruktury - od czego zależy skłonność ścinanego materiału do pękania;
2. sposób rozwoju i interakcji pasm ścinania ze sobą i granicami ziaren - od czego zależy stopień rozproszenia pasm oraz skutki samoistnego rozwoju naprężeń rozciągających, skierowanych poprzecznie do kierunku rozwoju pasm ścinania, a przez to powodujących rozwieranie materiału wzdłuż izotermicznych pasm ścinania;

3. kształt i położenie makroskopowej strefy lokalizacji odkształceń - od którego zależy położenie i kształt makroskopowej trajektorii pękania.
   Pękanie ścinanego materiału rozpoczyna się przy tym w wierzchołku (wierzchołkach) soczewkowatej strefy lokalizacji odkształceń i rozwija się po granicy tej strefy, stanowiącej przedłużenie założonego kierunku działania sił tnących.

Dzięki poznaniu i uwzględnieniu wspomnianych wyżej aspektów ścinania, możliwe stało się przewidywanie i sterowanie przebiegiem procesu przecinania plastycznego. Wybrane możliwości takiego przewidywania i sterowania przedstawiono na rysunku 1.11.

Jak wynika z rysunku 1.11:

- Klasyczne ścinanie prowadzi do utworzenia się esopodobnej, to jest wklęsło-wypukłej powierzchni pękania. Dzieje się tak, ponieważ rozwój pękania rozpoczyna się jednocześnie i niezależnie w obu wierzchołkach makroskopowej strefy lokalizacji odkształceń, a następnie rozwija się rozbieżnie po granicach tej strefy i łączy wzdłuż granic ziaren, ułożonych skośnie względem tych pęknięć. Do pękania dochodzi, w tym przypadku, poprzez rozwieranie materiału wzdłuż izotermicznych pasm ścinania wskutek samoistnie generowanych naprężeń rozciągających [97, 122, 124, 127].
- Ścinanie z poprzecznym rozciąganiem zastępuje działanie samoistnych naprężeń rozciągających. Oznacza to, że nie są już potrzebne przemieszczenia materiału wzdłuż granic ziaren, a co za tym idzie, nie musi dochodzić do poślizgu po granicach ziaren, w celu wytworzenia potrzebnego tu poziomu naprężeń rozciągających. Nie dochodzi więc do zdefektowania tych granic, a makropęknięcie rozwija się nie po granicach, lecz przez sam środek strefy lokalizacji odkształceń. Dzięki temu możliwe jest uzyskanie płaskiej powierzchni pękania, co czyni taki sposób ścinania wielce użytecznym technicznie (dokładne, bezodpadowe cięcie materiałów) [97].
- Ścinanie klasyczne z rekrystalizacją dynamiczną nie prowadzi do pękania wzdłuż pasm ścinania, ponieważ ginie ich podstruktura, promująca pękanie [97, 154].
- Ścinanie z poprzecznym ściskaniem. Ten rodzaj ścinania nie eliminuje pękania (wbrew powszechnym oczekiwaniom), lecz zmienia jego kierunek. Zmiana kierunku pękania wynika ze zmiany kierunku rozwoju pasm ścinania i kierunku działania samoistnych naprężeń rozciągających. Pasma ścinania rozwijają się bowiem nie wskutek ścinania, lecz wskutek wcześniejszego ściskania. Kierunek rozwoju tych pasm jest przez to poprzeczno-skośny względem założonego kierunku ścinania. Granice ziaren, spłaszczonych i zdefektowanych wskutek takiego ścinania układają się natomiast równolegle do założonego

kierunku ścinania. Oznacza to, ze ściskanie powoduje rozwój pasm ścinania, a ścinanie poślizg po granicach ziaren, generując naprężenia rozciągające w kierunku poprzecznym do rozwoju pasm ścinania. W rezultacie, pękanie rozwijające się wzdłuż pasm ścinania jest wygaszane na granicach strefy lokalizacji odkształceń, przez co dochodzi do jego cyklicznego rozwoju w miarę ścinania [97, 118].

Reasumując, omówiona tu mezoskopowa koncepcja i mezoskopowo-makroskopowy model przecinania plastycznego oraz jego interpretacyjne możliwości wskazują na to, że wszędzie tam, gdzie pojawią się izotermiczne pasma ścinania, może dochodzić do pękania wzdłuż tych pasm. Można więc śmiało przypuszczać, że mechanizm taki powinien występować również w wielu innych przypadkach, w tym w szeroko stosowanych procesach bazujących na ścinaniu.

Stwierdzenie to posłużyło do sformułowania tez niniejszej dysertacji, zamieszczonych w następnym rozdziale.

# 2
# Tezy pracy

Jak wynika z analizy stanu zagadnienia (rozdział 1), za podstawową przyczynę małej efektywności w modelowaniu procesu skrawania, należy uznać brak fizykalnej koncepcji modelowania tej grupy procesów, a szczególnie takiej, która wiązała by typ wióra i skrawalność materiałów ze skłonnością materiału do pękania.

W związku z potrzebą stworzenia wspomnianej wyżej koncepcji, niezbędnej dla dalszego postępu w modelowaniu procesu skrawania, sformułowano następujące tezy dysertacji:

1. Należy zrezygnować z modelowania ustalonej fazy procesu skrawania - charakterystycznej dla wióra ciągłego i skoncentrować uwagę na modelowaniu pojedynczego cyklu tego procesu, a najlepiej na cyklu kończącym się pękaniem.
2. Opracować mezoskopowo-makroskopowy model procesu skrawania, umożliwiający przewidywanie przechodzenia od wióra nieciągłego do ciągłego i odwrotnie, na zasadzie przechodzenia od niepękania w pękanie i odwrotnie. Dzięki temu możliwe stanie się przewidywanie i sterowanie wszystkimi typami wióra nieadiabatycznego na podstawie jednego modelu.
3. Najszybszą drogą do opracowania tak określonej koncepcji i modelu skrawania może być adaptacja koncepcji i modelu ścinania, opracowanego przez E.S. Dzidowskiego dla przecinania plastycznego, dla której najistotniejszym elementem procesu jest tworzenie się izotermicznych pasm ścinania - od własności których zależy skłonność ścinanego materiału do pękania, jak i brak takiej skłonności.

Dla udowodnienia powyższych tez przyjęto metodykę badań, wywodzącą się z koncepcji Dzidowskiego i nakazującą koncentrację uwagi na takich elementach procesu, jak: skutki ewolucji struktury dyslokacyjnej w postaci izotermicznych pasm ścinania, kształt i położenie makroskopowej strefy lokalizacji, miejsce zarodkowania pękania i kształt jego trajektorii. W ślad za tym sformułowano cele dysertacji, zawarte w następnym rozdziale.

# 3
# Cele pracy i zakres badań własnych

## 3.1. Cele pracy

Zasadniczym celem niniejszej dysertacji jest wykazanie możliwości adaptacji i modyfikacji mezoskopowo-makroskopowego modelu przecinania plastycznego do opisu i interpretacji skrawania. W związku z powyższym sformułowano trzy grupy celi szczegółowych, a to cele metodyczne, poznawcze i utylitarne.

C e l e   m e t o d y c z n e

1. Wykazanie możliwości zmiany dotychczasowej metodyki badania i modelowania procesów skrawania.
2. Uściślenie kryteriów przejścia od ścinania z dwoma koncentratorami naprężeń do ścinania z jednym koncentratorem naprężeń.
3. Opracowanie metodyki badania mechanizmu ścinania z jednym aktywnym koncentratorem naprężeń.

C e l   p o z n a w c z y

1. Poznanie i opis synergizmu mechanizmów lokalizacji odkształceń i pękania przy ścinaniu z jednym koncentratorem naprężeń.

C e l   u t y l i t a r n y

1. Wykorzystanie znajomości synergizmu mechanizmów lokalizacji odkształceń i pękania do opracowania mezomechanicznych kryteriów przewidywania i sterowania typem wióra oraz skrawalnością materiałów.

## 3.2. Zakres badań własnych

Badania poświęcone udowodnieniu sformułowanych wcześniej tez dysertacji obejmują: badanie mechanizmu lokalizacji odkształceń i pękania przy skrawaniu, doświadczalną weryfikację opracowanego modelu skrawania, doświadczalną weryfikację interpretacyjnych możliwości tego modelu oraz jego zdolności kreowania kryteriów sterowania typem wióra i skrawalnością materiałów.

# 4
# Plan badań własnych

---

Aby osiągnąć założone cele opracowano ramowy i szczegółowe plany badań własnych. Plany te zamieszczono w kolejnych podrozdziałach.

## 4.1. Ramowy plan badań

Ramowy plan badań własnych przedstawiono na rysunku 4.1. Ilustruje on strukturę planowanych badań. Badania te zostały podzielane na dwie grupy: badania wstępne i badania zasadnicze ze ściśle określonymi celami strategicznymi. Badania wstępne obejmują dwa etapy, a badania zasadnicze - siedem etapów, przy czym trzy pierwsze dotyczą badań makroskopowych, a pozostałe badań elektronomikroskopowych. Plany te zawierają tytuł każdego etapu oraz określają jego cel szczegółowy.

## 4.2. Szczegółowe plany badań

Szczegółowe plany badań przedstawiono na rysunkach od 4.2 do 4.4.

Rysunek 4.2 ilustruje szczegółowy plan badań wstępnych, określający rodzaje badanych materiałów, zakres stosowanych długości odcinanej części materiału i kąt natarcia noża. Ponadto precyzuje szczegółowe cele tych badań.

Kolejne dwa rysunki, to jest rys. 4.3 i 4.4, obrazują szczegółowe plany siedmioetapowych badań zasadniczych. Precyzują rodzaje badanych materiałów, długości odcinanych części i kątów natarcia oraz cele każdego z etapów.

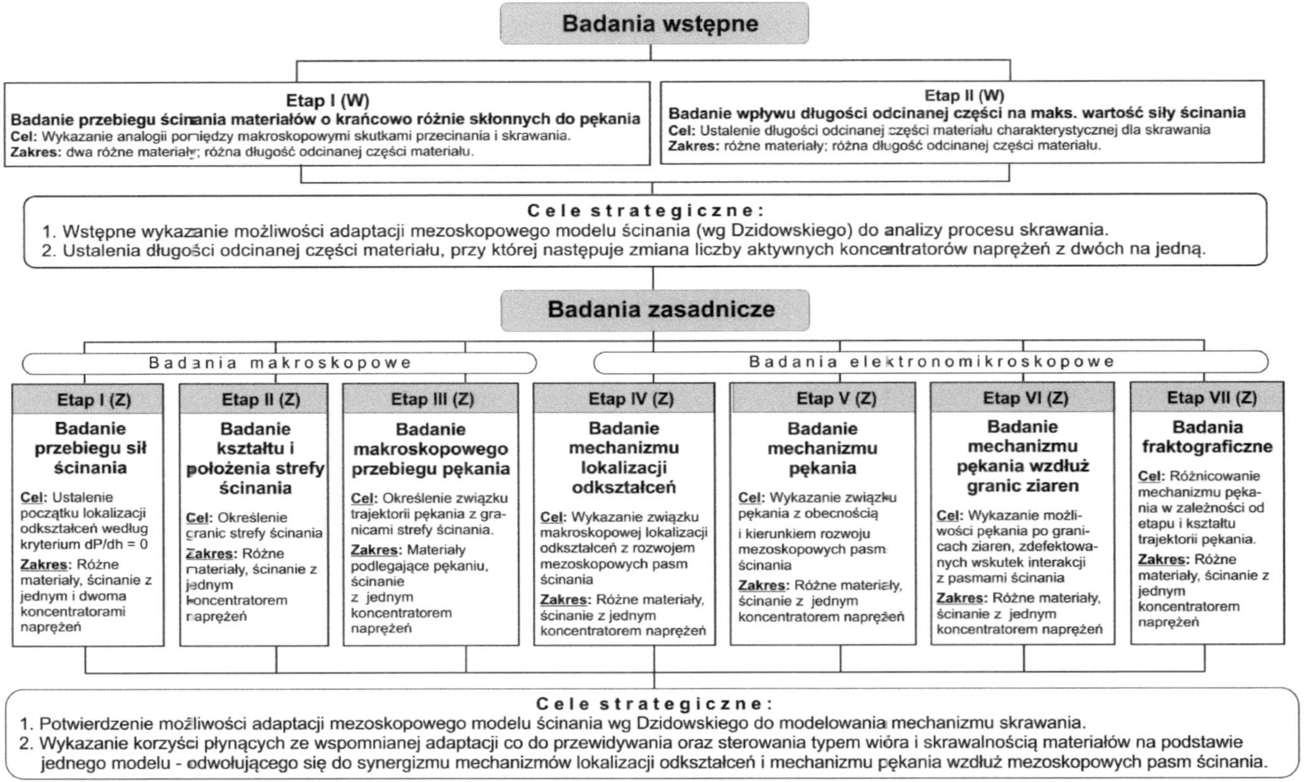

**Badania wstępne**

**Etap I (W)**
**Badanie przebiegu ścinania materiałów o krańcowo różnie skłonnych do pękania**
**Cel:** Wykazanie analogii pomiędzy makroskopowymi skutkami przecinania i skrawania.
**Zakres:** dwa różne materiały; różna długość odcinanej części materiału.

**Etap II (W)**
**Badanie wpływu długości odcinanej części na maks. wartość siły ścinania**
**Cel:** Ustalenie długości odcinanej części materiału charakterystycznej dla skrawania
**Zakres:** różne materiały; różna długość odcinanej części materiału.

**Cele strategiczne:**
1. Wstępne wykazanie możliwości adaptacji mezoskopowego modelu ścinania (wg Dzidowskiego) do analizy procesu skrawania.
2. Ustalenia długości odcinanej części materiału, przy której następuje zmiana liczby aktywnych koncentratorów naprężeń z dwóch na jedną.

**Badania zasadnicze**

Badania makroskopowe

**Etap I (Z)**
**Badanie przebiegu sił ścinania**
**Cel:** Ustalenie początku lokalizacji odkształceń według kryterium $dP/dh = 0$
**Zakres:** Różne materiały, ścinanie z jednym i dwoma koncentratorami naprężeń

**Etap II (Z)**
**Badanie kształtu i położenia strefy ścinania**
**Cel:** Określenie granic strefy ścinania
**Zakres:** Różne materiały, ścinanie z jednym koncentratorem naprężeń

**Etap III (Z)**
**Badanie makroskopowego przebiegu pękania**
**Cel:** Określenie związku trajektorii pękania z granicami strefy ścinania.
**Zakres:** Materiały podlegające pękaniu, ścinanie z jednym koncentratorem naprężeń

Badania elektronomikroskopowe

**Etap IV (Z)**
**Badanie mechanizmu lokalizacji odkształceń**
**Cel:** Wykazanie związku makroskopowej lokalizacji odkształceń z rozwojem mezoskopowych pasm ścinania
**Zakres:** Różne materiały, ścinanie z jednym koncentratorem naprężeń

**Etap V (Z)**
**Badanie mechanizmu pękania**
**Cel:** Wykazanie związku pękania z obecnością i kierunkiem rozwoju mezoskopowych pasm ścinania
**Zakres:** Różne materiały, ścinanie z jednym koncentratorem naprężeń

**Etap VI (Z)**
**Badanie mechanizmu pękania wzdłuż granic ziaren**
**Cel:** Wykazanie możliwości pękania po granicach ziaren, zdefektowanych wskutek interakcji z pasmami ścinania
**Zakres:** Różne materiały, ścinanie z jednym koncentratorem naprężeń

**Etap VII (Z)**
**Badania fraktograficzne**
**Cel:** Różnicowanie mechanizmu pękania w zależności od etapu i kształtu trajektorii pękania.
**Zakres:** Różne materiały, ścinanie z jednym koncentratorem naprężeń

**Cele strategiczne:**
1. Potwierdzenie możliwości adaptacji mezoskopowego modelu ścinania wg Dzidowskiego do modelowania mechanizmu skrawania.
2. Wykazanie korzyści płynących ze wspomnianej adaptacji co do przewidywania oraz sterowania typem wióra i skrawalnością materiałów na podstawie jednego modelu - odwołującego się do synergizmu mechanizmów lokalizacji odkształceń i mechanizmu pękania wzdłuż mezoskopowych pasm ścinania.

Rys. 4.1. Plan ramowy badań własnych.

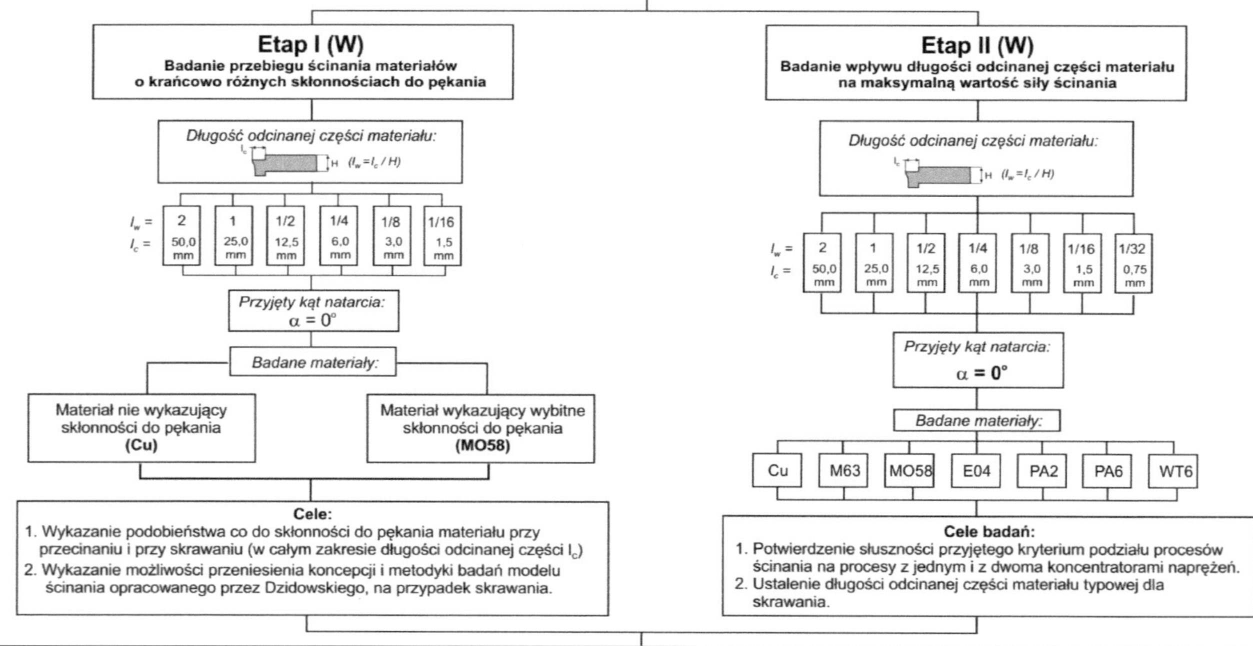


Rys. 4.2. Plan szczegółowy badań wstępnych.

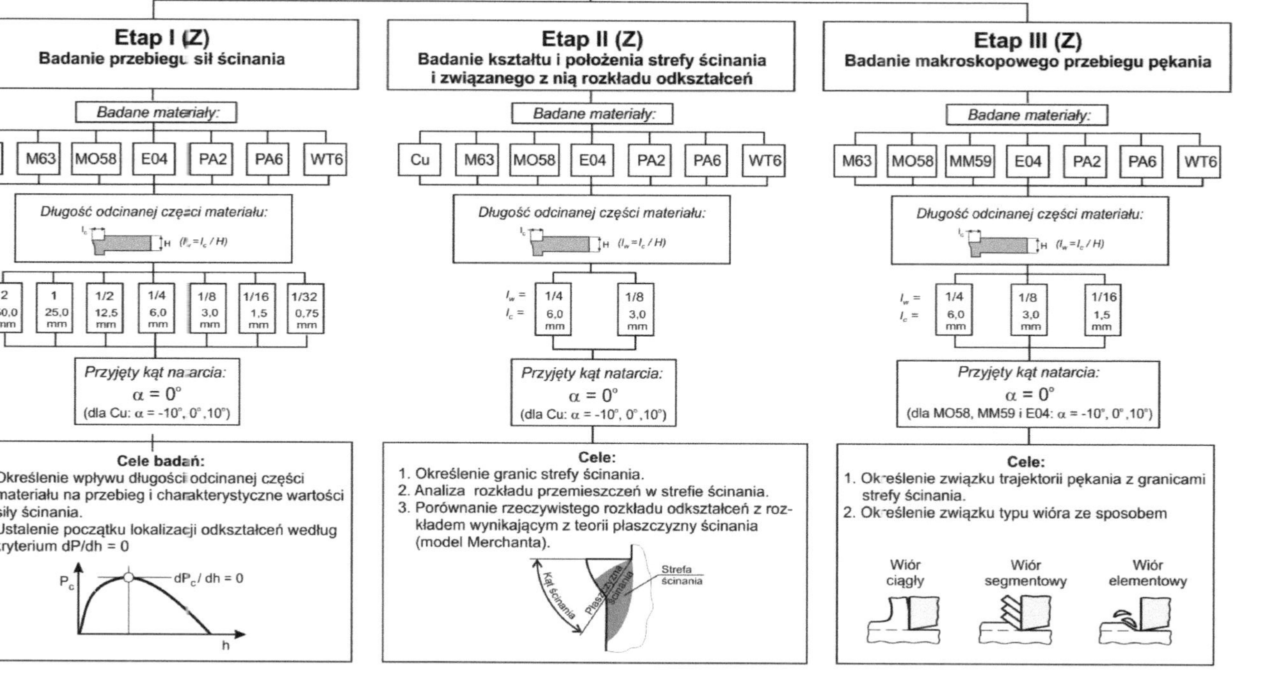


Rys. 4.3. Plan szczegółowy badań zasadniczych, obejmujący badania makroskopowe.

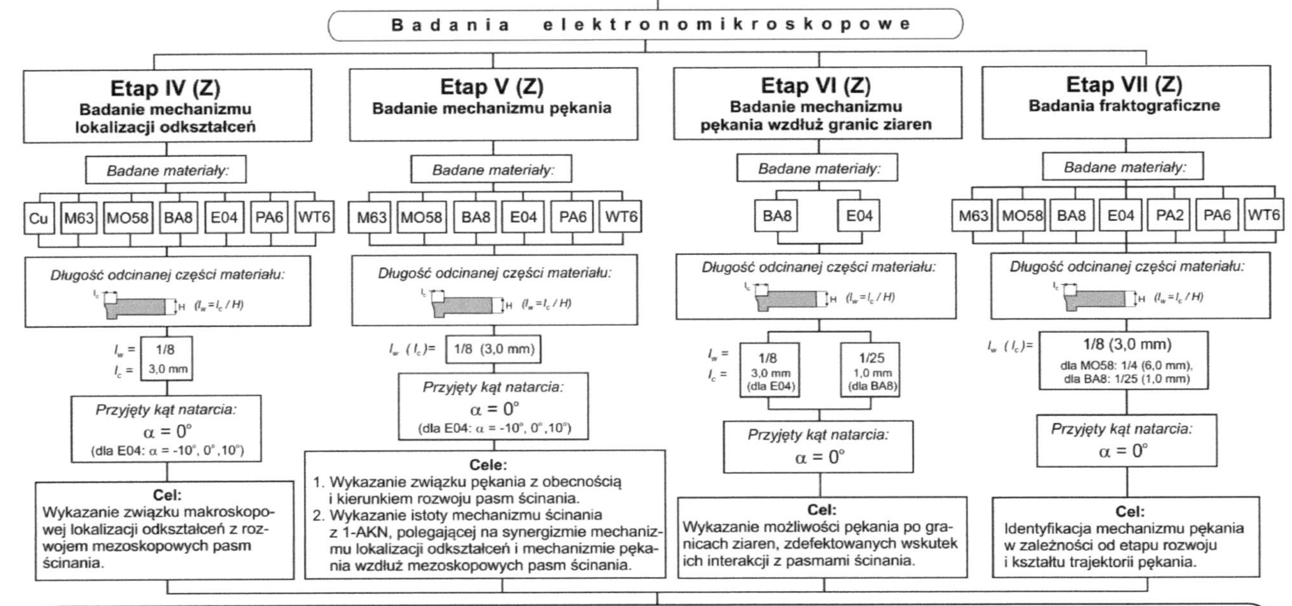


Rys. 4.4. Plan szczegółowy badań zasadniczych, obejmujący badania elektronomikroskopowe.

# 5
# Badane materiały

Doboru badanych materiałów dokonano, bazując po pierwsze na potrzebie wykazania analogii pomiędzy mechanizmami ścinania z jednym aktywnym koncentratorem naprężeń (występującym przy skrawaniu) i z dwoma koncentratorami oraz potrzebie sprawdzenia nowych możliwości modelu procesu, który mógłby powstać na bazie badań własnych. Dlatego też, w grupie badanych materiałów znalazły się te stosowane we wcześniejszych badaniach Dzidowskiego, jak i zupełnie nowe materiały, dobrane głównie pod kątem specyfiki skrawania. W tym ostatnim przypadku kierowano się potencjalną skrawalnością materiałów.

Szczegółowy zestaw badanych materiałów zawiera niniejszy podrozdział, poświęcony charakterystyce ich własności i struktury.

Własności wytrzymałościowe i plastyczne podano w tabeli 5.1.

Własności mechaniczne badanych materiałów określone zostały na podstawie przeprowadzonych prób rozciągania (dla materiałów Cu i BA8) i prób twardości (dla wszystkich materiałów). Próby rozciągania przeprowadzono na maszynie wytrzymałościowej INSTRON 1126. Próbki do rozciągania wykonano wg PN-EN 10002-1+AC1. Pomiar twardości wykonano według metody Brinella, zgodnie z PN-85/H-04350. Wartości parametrów $R_a$, $R_m$ oraz $A_5$ dla materiałów E04, M63, MO58, PA2, PA6 i WT6 podano na podstawie PN-82/H-93620.01, PN-80/H-93667.01 oraz według danych literaturowych [155 ÷ 159].

Skład chemiczny materiałów MO58, M63, PA2, WT6 określono za pomocą rentgenowskiej analizy jakościowej metodą bezwzorcową [160], a dla pozostałych materiałów dane zaczerpnięto z literatury [161, 162]. Wielkości ziarna określono metodą siecznych, zgodnie z PN-84 H-04507/00 oraz EN ISO 2624:1997.

Tabela 5.1 Własności mechaniczne i strukturalne badanych materiałów.

| | Materiał | Stal E04 (żelazo Armco) | Cu (M1E) | M63 | MO58 | BA8 | PA2 | PA6 | WT6 |
|---|---|---|---|---|---|---|---|---|---|
| | **Stan /postać materiału** | ciągniony półtwardy z4 | wyciskany pp | wyciskany pp | ciągniony półtwardy z4 | wyciskany pp | ciągniony półtwardy z4 | wyciskany pp | ciągniony półtwardy z4 |
| | **Skład chemiczny** [% wag.] | Fe 99,96%<br>C 0,04% | Cu + Ag<br>99,9% | Cu<br>62,6 %<br>Zn<br>37,4 % | Cu<br>56 – 60%<br>Zn<br>36,5 – 43%<br>Pb<br>1,0 – 3,5% | Cu<br>92,8 %<br>Al<br>7,2 % | Al 98,8%<br>Mg 1,2% | Al<br>93,2-95,4%<br>Cu<br>3,8-4,8%<br>Mg<br>0,4-1,0%<br>Mn<br>0,4-1,0% | Ti 91,9%<br>Al 5,8%<br>V 2,3% |
| | **Struktura fazowa** | $\alpha$ | $\alpha$ | $\alpha$ | $\alpha + \beta$ | $\alpha$ | $\alpha$ | $\omega + \Theta$ | $\alpha + \beta$ |
| | **Wielkość ziarna** [μm] | 38 | 78 | 48 | 33 | 18 | 118 | 278 | 3 |
| **Własności mechaniczne** | $R_{0,2}$ [MPa] | 127 | 253 | 145 | 205 | 160 | 130 | 265 | 1030 |
| | $R_m$ [MPa] | 305 | 269 | 270 | 430 | 480 | 180 | 390 | 1180 |
| | **Twardość HB** [kG/cm$^2$] | 110 | 85 | 135 | 121 | 102 | 67 | 135 | 313 |
| | $A_5$ [%] | 49 | 31 | 39 | 16 | 63 | 9 | 10 | 6 |

W celu określenia struktury wyjściowej badanych materiałów przeprowadzono badania metalograficzne. Obrazy mikrostruktury, twardości powierzchni próbek, wielkości ziarna oraz sposób trawienia przedstawiono w tabeli 5.2.

Tabela 5.2 Struktury metalograficzne badanych materiałów

Materiał: **Cu (M1E)**

| **Powierzchnia próbki** | **Struktura materiału** | **Twardość powierzchni** | **Wielkość ziarna** | **Trawienie** |
|---|---|---|---|---|
| 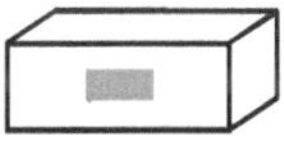 | 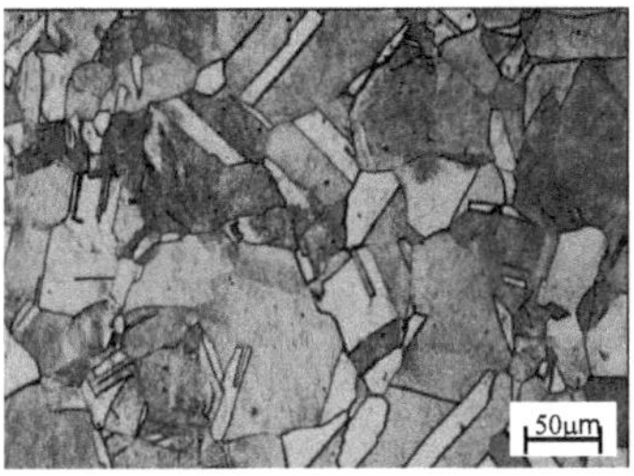 | 85 HB | 78 µm | Mi23Cu |

Materiał: **M63** (pręt ciągniony 25x10)

| **Powierzchnia próbki** | **Struktura materiału** | **Twardość powierzchni** | **Wielkość ziarna** | **Trawienie** |
|---|---|---|---|---|
| 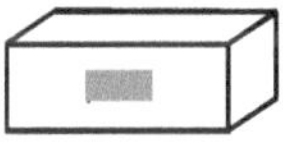 | 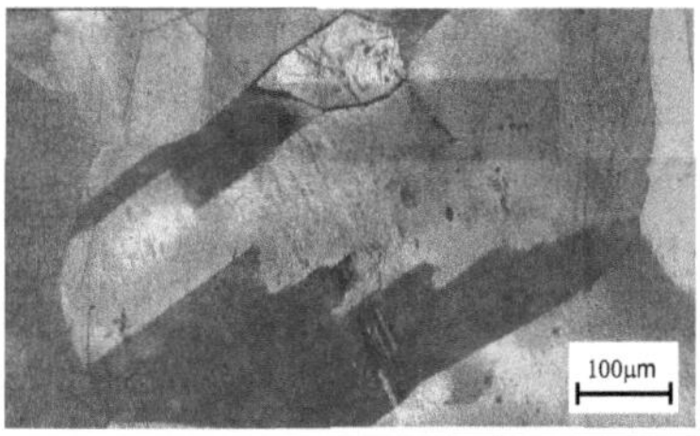 | 99HB | 216µm | Mi23Cu |
| 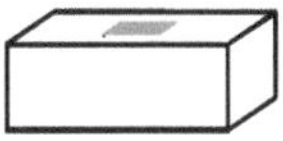 | 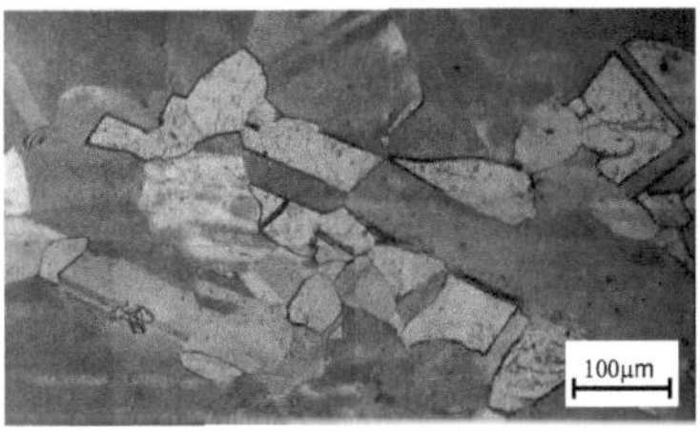 | 97HB | 123µm | |

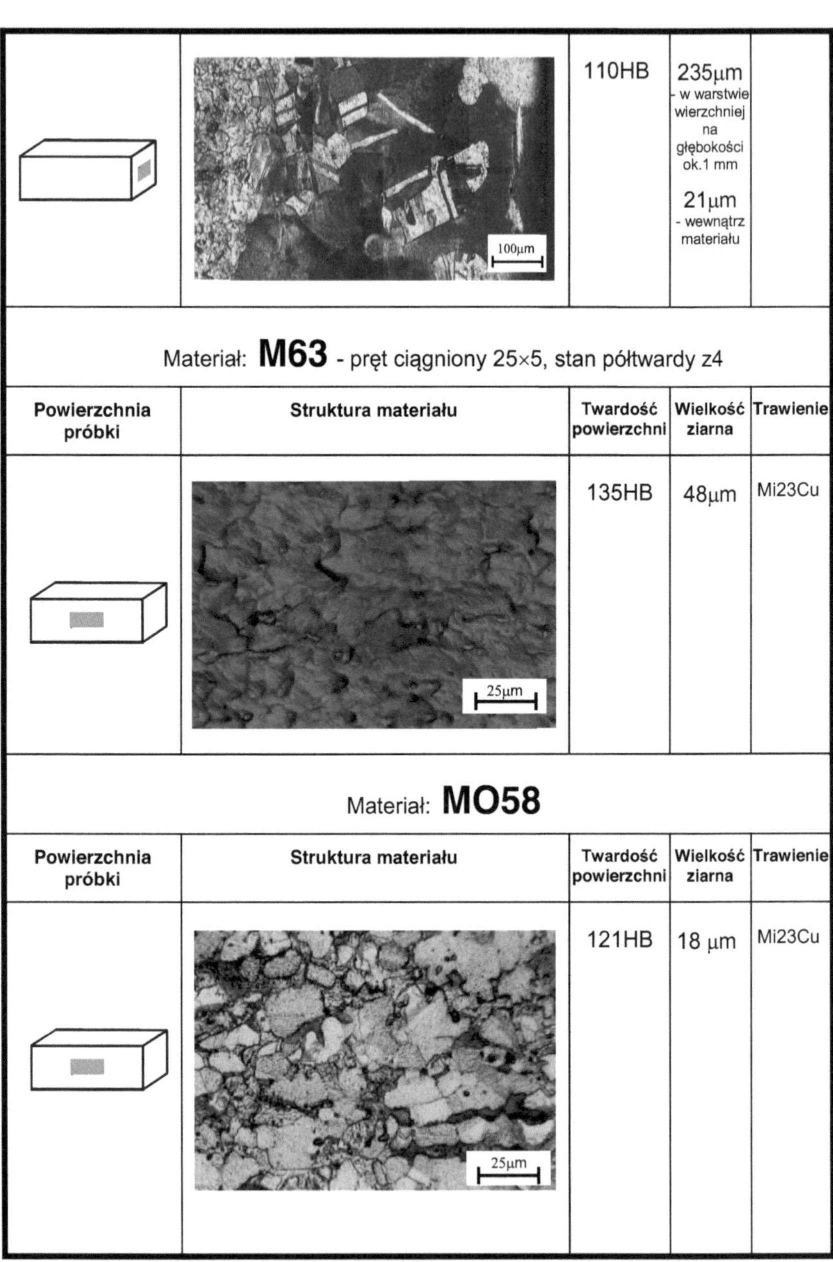

| | | | | |
|---|---|---|---|---|
| | 100µm | 110HB | 235µm - w warstwie wierzchniej na głębokości ok.1 mm<br>21µm - wewnątrz materiału | |

Materiał: **M63** - pręt ciągniony 25×5, stan półtwardy z4

| Powierzchnia próbki | Struktura materiału | Twardość powierzchni | Wielkość ziarna | Trawienie |
|---|---|---|---|---|
| | 25µm | 135HB | 48µm | Mi23Cu |

Materiał: **MO58**

| Powierzchnia próbki | Struktura materiału | Twardość powierzchni | Wielkość ziarna | Trawienie |
|---|---|---|---|---|
| | 25µm | 121HB | 18 µm | Mi23Cu |

| Materiał: **E04** (pręt ciągniony 25×15) | | | | |
|---|---|---|---|---|
| **Powierzchnia próbki** | **Struktura materiału** | **Twardość powierzchni** | **Wielkość ziarna** | **Trawienie** |
| 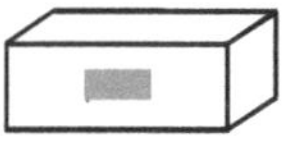 | 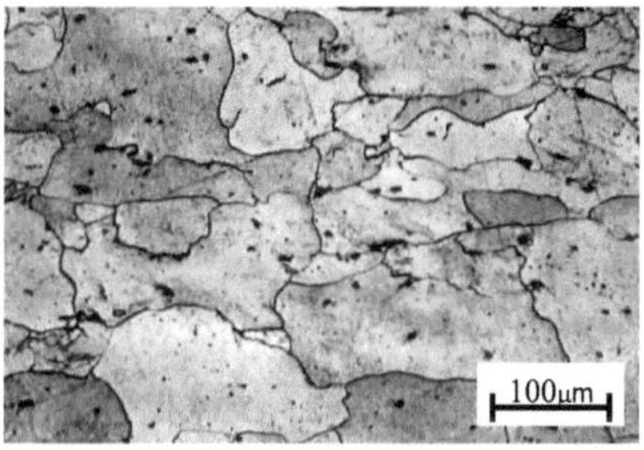 100μm | 95HB | 118μm | nital |
| 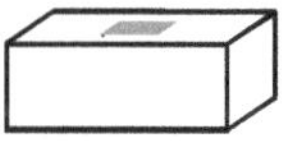 | 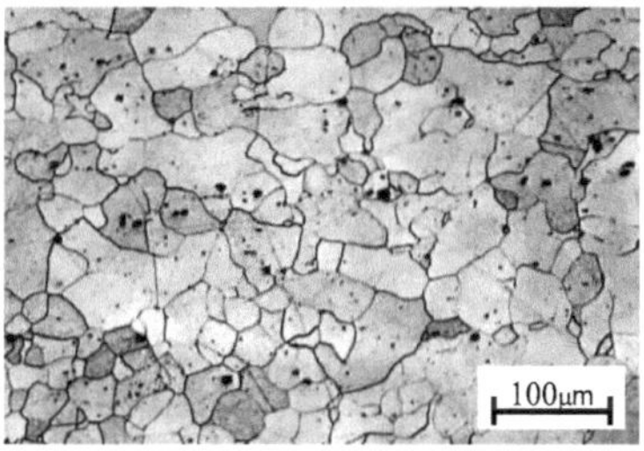 100μm | 110HB | 38μm | |

| Materiał: **E04** - pręt walcowany 25×2,8, stan twardy) | | | | |
|---|---|---|---|---|
| **Powierzchnia próbki** | **Struktura materiału** | **Twardość powierzchni** | **Wielkość ziarna** | **Trawienie** |
| 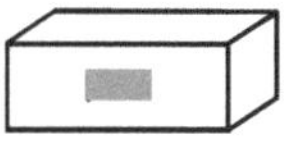 | 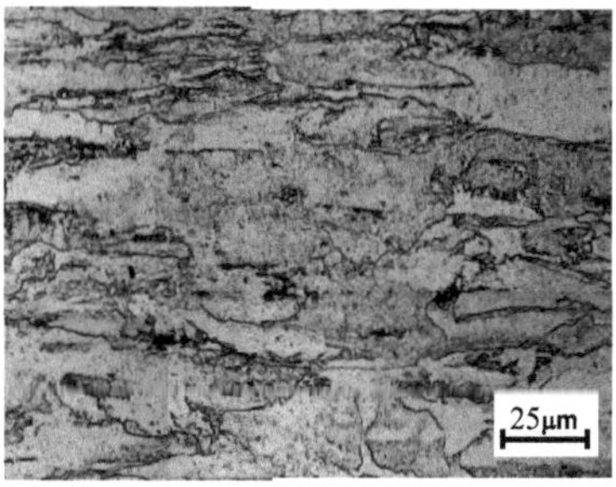 25μm | 164HB | - | nital |

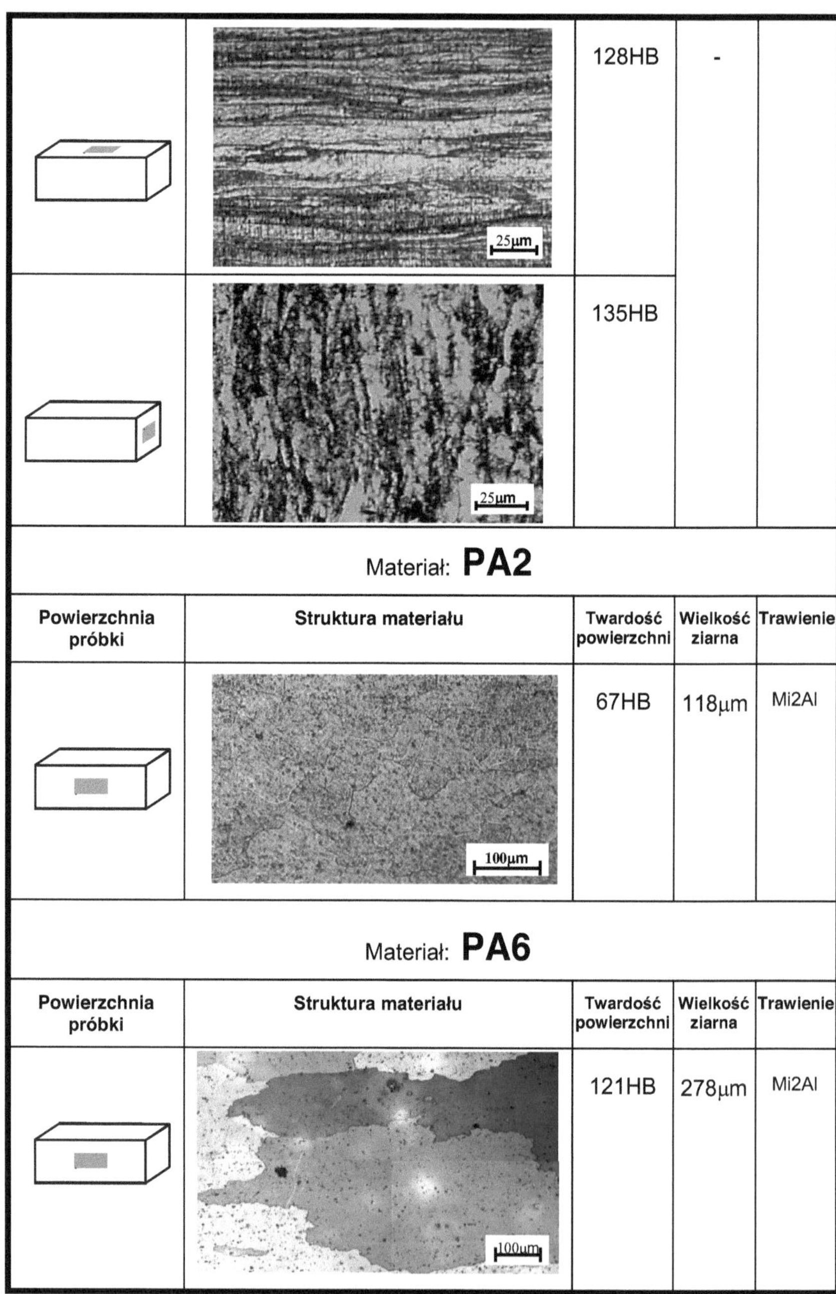

| | | | | |
|---|---|---|---|---|
| | | 128HB | - | |
| | | 135HB | | |

Materiał: **PA2**

| Powierzchnia próbki | Struktura materiału | Twardość powierzchni | Wielkość ziarna | Trawienie |
|---|---|---|---|---|
| | | 67HB | 118μm | Mi2Al |

Materiał: **PA6**

| Powierzchnia próbki | Struktura materiału | Twardość powierzchni | Wielkość ziarna | Trawienie |
|---|---|---|---|---|
| | | 121HB | 278μm | Mi2Al |

| 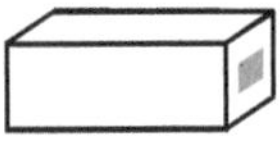 | 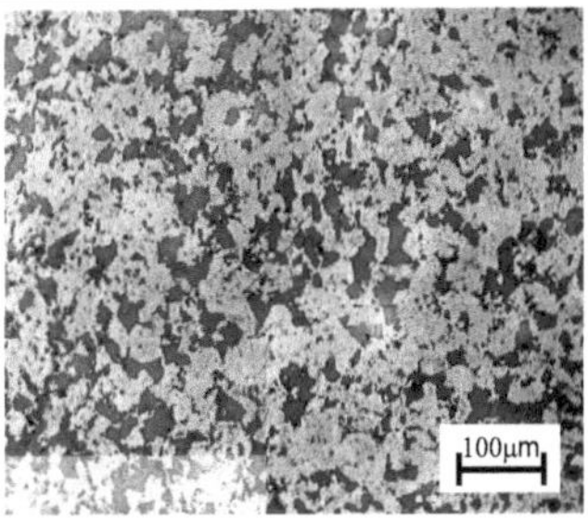 | 135HB | 48μm | |
|---|---|---|---|---|

Materiał: **WT6**

| Powierzchnia próbki | Struktura materiału | Twardość powierzchni | Wielkość ziarna | Trawienie |
|---|---|---|---|---|
| 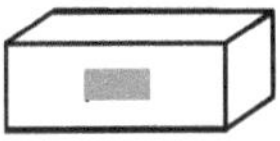 | 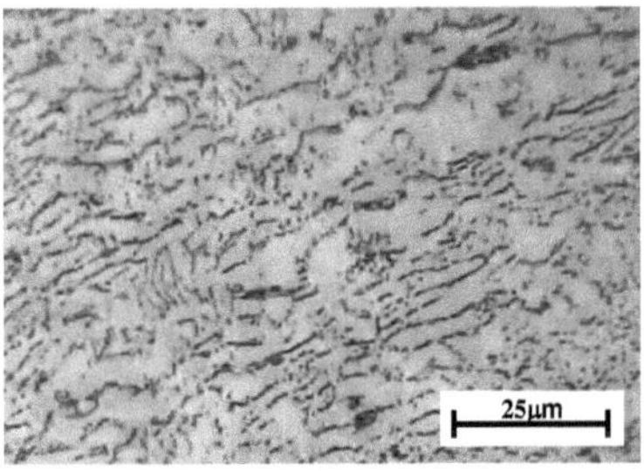 25μm | 337HB | 8μm | Mi50Ti |
| 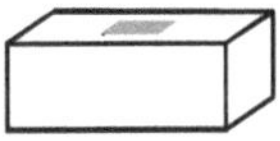 | 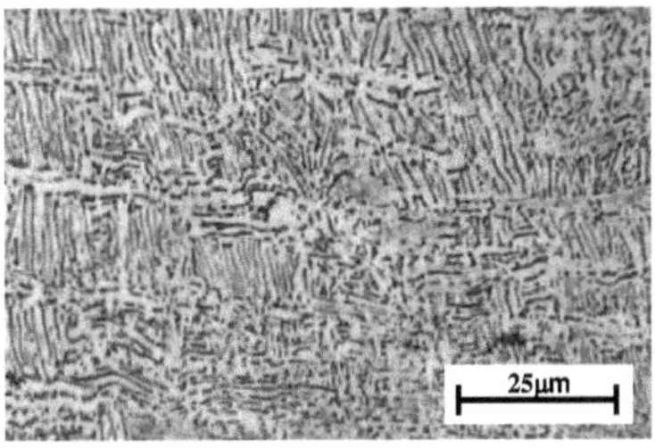 25μm | 313 HB | 3μm | |
| 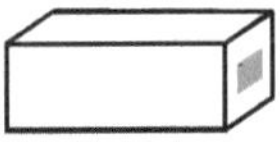 | 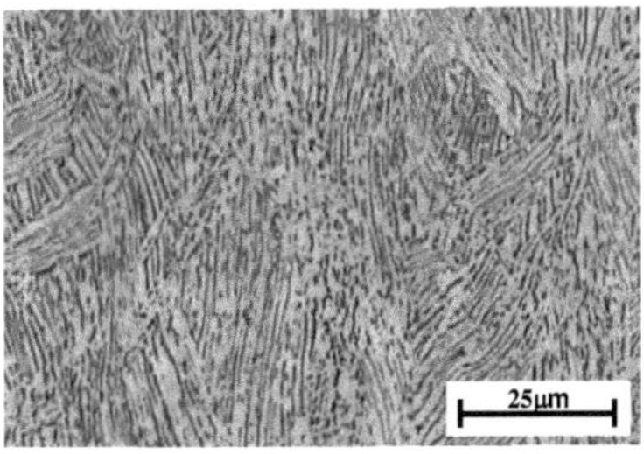 25μm | 313 HB | | |

| Materiał: **BA8** (pręt walcowany, zgniot $\varepsilon$ = 60%) | | | | |
|---|---|---|---|---|
| **Powierzchnia próbki** | **Struktura materiału** | **Twardość powierzchni** | **Wielkość ziarna** | **Trawienie** |
| 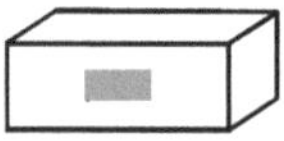 | 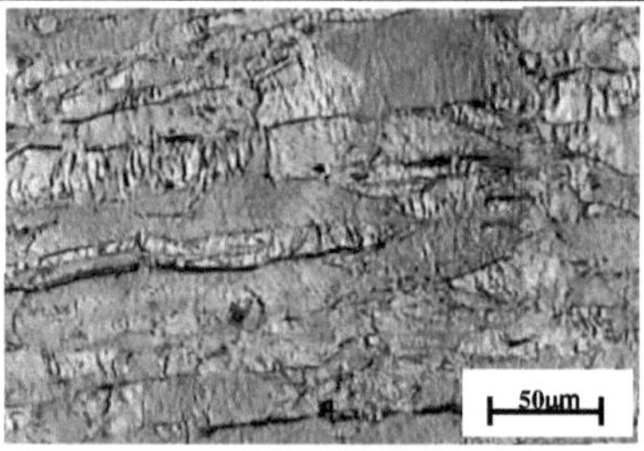 | 219 HB | - | chlorek żelaza |
| 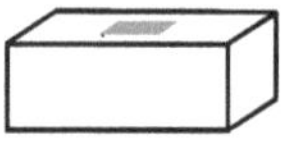 | 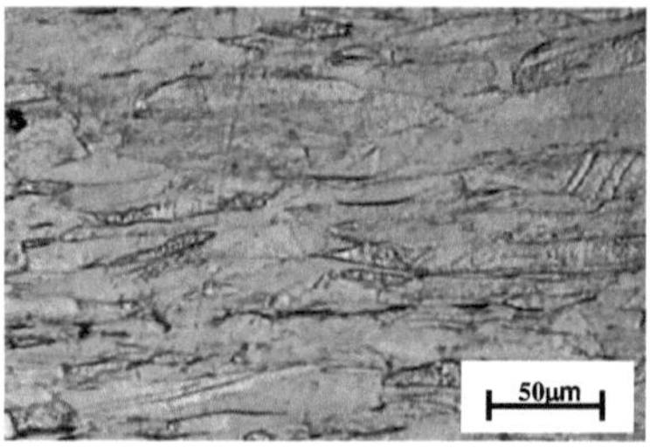 | 195 HB | | |
| 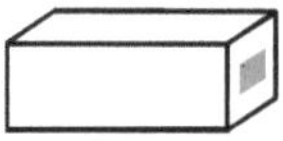 | 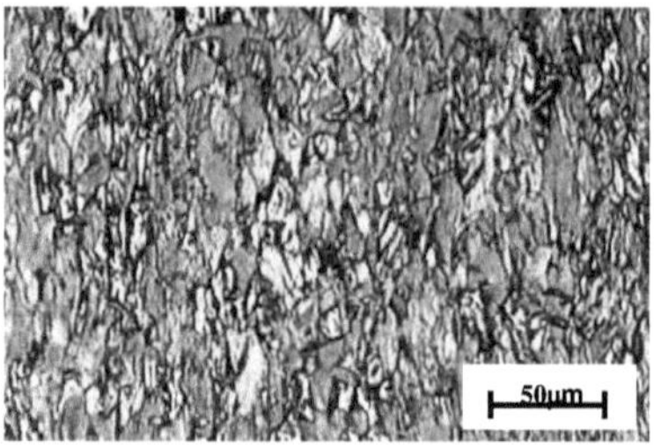 | 187 HB | | |
| Materiał: **BA8** - zgniot $\varepsilon$ = 60%, wyżarz. 450°C/30min. | | | | |
| 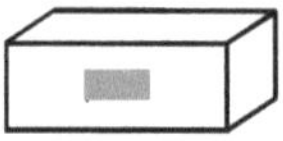 | 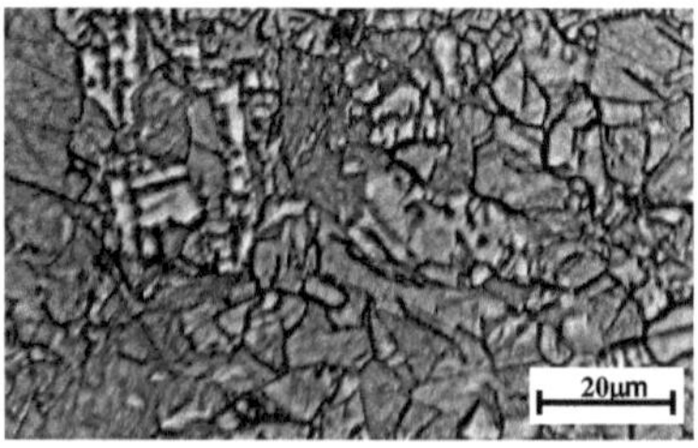 | 116 HB | 10 $\mu$m | Mi17Cu |

| Powierzchnia próbki | Struktura materiału | Twardość powierzchni | Wielkość ziarna | Trawienie |
|---|---|---|---|---|
| **Materiał: BA8 - wyciskany pp** | | | | |
|  | 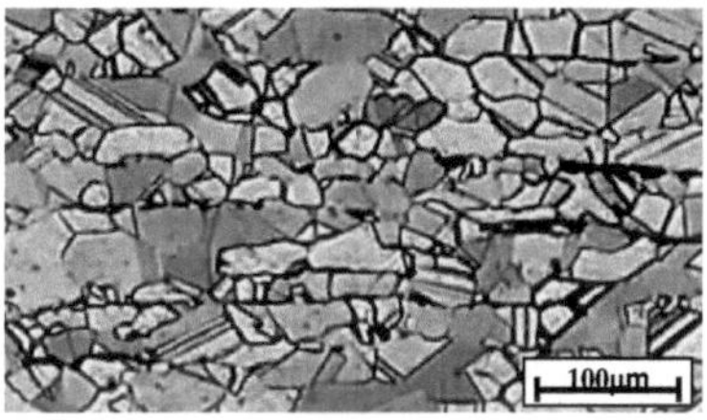 | 102 HB | 33µm | chlorek żelaza |
| **Materiał: BA8 - wyżarzany 700°C/15min.** | | | | |
| 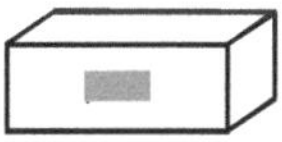 |  | 73 HB | 42µm | chlorek żelaza |
| **Materiał: BA8 - wyżarzany 700°C/3h** | | | | |
| 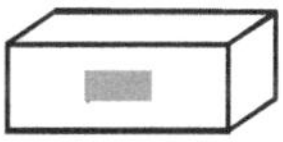 |  | 64 HB | 134µm | chlorek żelaza |
| **Materiał: BA8 - zgniot ε = 60%, wyżarz. 450°C/30min.** | | | | |
| | | 62 HB | 193µm | chlorek żelaza |

# 6
# Stanowisko badawcze

Badanie mechanizmu lokalizacji odkształceń i pękania materiałów przy ścinaniu z jednym koncentratorem naprężeń wymagało możliwości przerywania procesu ścinania w dowolnej jego fazie, po to, aby możliwe było dokonywanie pomiarów przemieszczeń oraz uzyskiwanie preparatów do elektronomikroskopowych badań mechanizmu ścinania w różnych fazach procesu.

Ponadto, niezbędny był pomiar i rejestracja przebiegu sił tnących w funkcji przemieszczenia noża, a schemat cięcia powinien być tak dobrany, aby do zmiany liczby aktywnych koncentratorów (z dwu na jeden), wystarczyła sama zmiana długości odcinanej części próbki. Wymagało to możliwości płynnej zmiany długości odcinanej części materiału. Ponadto, potrzebna była możliwość zmiany kąta natarcia.

Dlatego też, do mechanicznych badań procesu ścinania zastosowano przyrząd konstrukcji E. S. Dzidowskiego, spełniający powyższe warunki. Ogólny schemat ścinania pokazano na rysunku 6.1, a schemat całego stanowiska do badań mechanicznych - na rysunku 6.2.

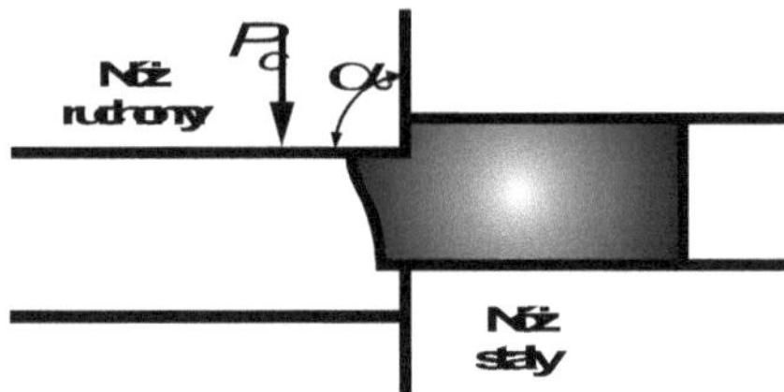

Rys. 6.1. Schemat ścinania próbki na przyrządzie Dzidowskiego: $\alpha$ - kąt natarcia, $P_c$ – siła tnąca.

Przyrząd pokazany na rysunku 6.2 ma możliwość zmiany elementów tnących, co zostało wykorzystane przy badaniu wpływu kąta natarcia noża ruchomego $\alpha$ na przebieg ścinania (rys. 6.1). Próbka ścinania jest w przyrządzie, za pomocą noża ruchomego siłą $P_c$. Długość odcinanej części próbki może być dobierana bez ograniczeń.

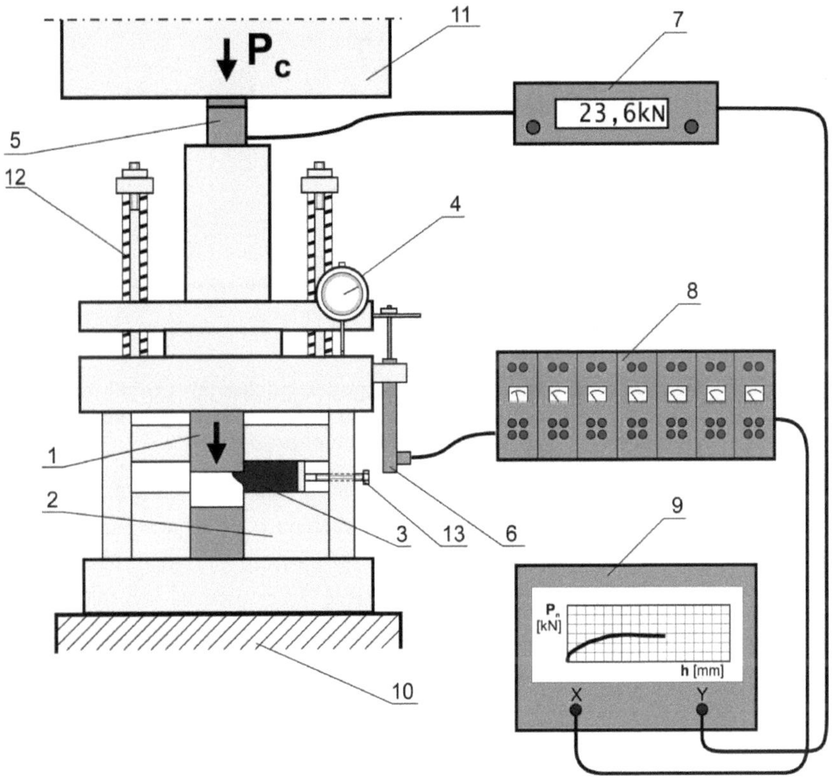


Rys. 6.2. Stanowisko do badania przebiegu procesu ścinania w zakresie od ścinania z dwoma koncentratorami naprężeń do ścinania z jednym koncentratorem naprężeń. Uwaga: do zmiany liczby koncentratorów dochodzi automatycznie w miarę zmniejszania długości odcinanej części materiału. 1 - nóż ruchomy, 2 - nóż stały, 3 - ścinana próbka, 4 - czujnik zegarowy, 5 - dynamometr tensometryczny, 6 - indukcyjny czujnik przemieszczeń IWT200, 7 - cyfrowy rejestrator siły ścinania, 8 - mostek tensometryczny, 9 - rejestrator X-Y D-72B, 10 - stół prasy, 11 - suwak prasy, 12 - sprężyny powrotne noża ruchomego, 13 - śruba oporowa.

Zaznaczona na rysunku 6.2 siła tnąca $P_c$ wytwarzana była za pomocą hydraulicznej maszyny wytrzymałościowej ZD100. Siła $P_c$ mierzona była w funkcji przemieszczenia krawędzi tnącej noża za pomocą dynamometru tensometrycznego i indukcyjnego czujnika przemieszczeń. Do rejestracji przebiegu siły w funkcji przemieszczenia stosowano mostek tensometryczny AT970 oraz rejestrator X-Y D-72B.

# 7
# Metodyka badań własnych

## 7.1 Metodyka badań wstępnych

### 7.1.1 Metodyka badania wpływu długości odcinanej części materiału na podobieństwo globalnych skutków ścinania z dwoma koncentratorami naprężeń i z jednym koncentratorem naprężeń

Badania podobieństwa globalnych skutków ścinania z dwoma koncentratorami naprężeń i z jednym koncentratorem przeprowadzono w przyrządzie przedstawionym na rys. 6.2. Ze względu na potrzebę płynnego przejścia między tymi dwoma rodzajami ścinania stosowano próbki o malejącej długości odcinanej części materiału (tab. 7.1). Dzięki temu uzyskiwano samoczynną zmianę liczby aktywnych koncentratorów naprężeń – wskutek zmniejszania długości odcinanej części materiału. Długość ta była zmieniana skokowo w zakresie od 50 do 0,75 mm. Długości poszczególnych próbek zestawiono w tabeli 7.1.

Tab. 7.1. Długości odcinanych części materiału, stosowane w badaniach makroskopowych.

| L.p. | Schemat próbki | Długość odcinanej części próbki | |
|---|---|---|---|
| | | Długość względna $l_w = l_c/H$ | Długość bezwzględna $l_c$ |
| 1 | 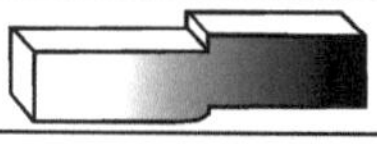 | 2 | 50,0 mm |
| 2 | 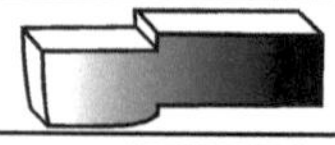 | 1 | 25,0 mm |
| 3 | 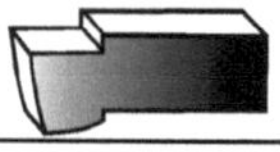 | 1/2 | 12,5 mm |
| 4 | 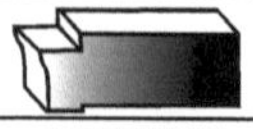 | 1/4 | 6,0 mm |
| 5 |  | 1/8 | 3,0 mm |
| 6 |  | 1/16 | 1,5 mm |
| 7 |  | 1/32 | 0,75 mm |

Badanymi materiałami były miedź M1E oraz mosiądz MO58. Wybór tych materiałów pozwalał realizować dwa skrajne warianty ścinania, to jest ścinanie bez pękania oraz ścinanie z pękaniem występującym po każdym pojedynczym cyklu ścinania.

W trakcie tych badań rejestrowano przebieg odkształcania i pękania ścinanych materiałów. Do rejestracji skutków ścinania stosowano skaner optyczny.

Na podstawie uzyskanych wyników sporządzono plansze ilustrujące zmianę kształtu odcinanej części materiału i/lub zmianę kształtu i kierunku rozwoju trajektorii pękania. Wszystkie te zestawienia były sporządzane w funkcji długości odcinanej części materiału.

### 7.1.2 Metodyka badania wpływu długości odcinanej części materiału na wartość maksymalnej siły ścinania – jako kryterium przejścia od ścinania z dwoma koncentratorami naprężeń do ścinania z jednym koncentratorem naprężeń

W celu uściślenia kryterium przejścia od ścinania z dwoma koncentratorami naprężeń do ścinania z jednym koncentratorem, przeprowadzono badania wpływu długości odcinanej części materiału na maksymalne wartości sił ścinania. Badania te (podobnie jak i poprzednie) przeprowadzono na stanowisku pokazanym na rysunku 6.2 oraz dla takiego samego zakresu długości odcinanej części materiału (tab. 7.1).

Maksymalne wartości sił odczytywano z wykresów sił ścinania, sporządzanych w funkcji przemieszczenia górnego (ruchomego) noża (rys. 6.2, nóż nr 1). Do rejestracji przebiegu sił ścinania w funkcji tego przemieszczenia stosowano aparaturę opisaną w rozdziale 6. Badania te przeprowadzono na różnych materiałach, to jest miedzi M1E, mosiądzach M63 i MO58 oraz stali E04 i stopach aluminium PA2 i PA6.

Na podstawie przeprowadzonych badań sporządzano wykresy ilustrujące zmianę maksymalnych wartości sił ścinania w funkcji długości odcinanej części próbki.

Kryterium przejścia od ścinania z dwoma koncentratorami naprężeń do ścinania z jednym koncentratorem ustalano na podstawie punktów przegięcia na wykresach sił ścinania. Punkty te wyznaczały krytyczną długość odcinanej części materiału.

W celu dodatkowej weryfikacji tej metodyki, skonfrontowano ją ze zmianami w przebiegu odkształceń i pękania, występującymi wraz ze zmniejszaniem długości odcinanej części materiału. Polegało to na przypisaniu fotografii przebiegu odkształceń i/lub pękania do poszczególnych punktów pomiarowych. Weryfikację tę przeprowadzono dla dwu materiałów o krańcowo różnym przebiegu ścinania, to jest dla miedzi M1E i mosiądzu MO58.

## 7.2 Metodyka badań zasadniczych

### 7.2.1 Metodyka badania przebiegu sił ścinania

Z uwagi na stwierdzoną wcześniej (w rozdziale 1) nieefektywność modeli ustalonej fazy procesu skrawania, charakterystycznej dla wióra ciągłego, postanowiono skoncentrować uwagę na pojedynczym cyklu procesu ścinania z jednym koncentratorem. Wydzielenie takiego cyklu nie jest oczywiście możliwe w przypadku wióra ciągłego. Dlatego też, na potrzeby niniejszych badań, opracowano metodykę umożliwiającą badanie pojedynczego cyklu skrawania.

Założono przy tym, że najwłaściwszą metodyką będzie metodyka bazująca na kryterium lokalizacji odkształceń. Wykorzystanie takiego kryterium wymagało sporządzania wykresów sił ścinania w funkcji przemieszczeń górnego noża (rys. 6.2, nóż nr 1). Dzięki temu, za kryterium lokalizacji odkształceń, można było przyjąć maksimum siły ścinania (przez analogię do maksimum siły rozciągania - patrz rys. 1.8). Możliwość takiego rozwiązania potwierdziły już wcześniejsze badania Dzidowskiego [97].

Do rejestracji sił ścinania wykorzystano aparaturę przedstawioną na rysunku 6.2. Długości odcinanych części próbek były takie same jak w poprzednich badaniach. Badanymi materiałami były tu głównie miedź M1E i mosiądz MO58. Wyniki tych badań zestawiono w tabeli, umożliwiającej analizę położenia maksimów sił ścinania w funkcji przemieszczenia noża. Na podstawie tego zestawienia wnioskowano o cykliczności ścinania, jej skutkach i znaczeniu z punktu widzenia modelowania analizowanego procesu.

### 7.2.2 Metodyka badania makroskopowego kształtu i kierunku rozwoju stref lokalizacji powstających przy skrawaniu oraz rozkładu odkształceń w tych strefach

Poparcie tezy o potrzebie koncentracji uwagi na pojedynczym cyklu skrawania oraz prowadzona tu polemika na temat znaczenia umownej płaszczyzny ścinania, wymagała badań dostarczających odpowiednich dowodów.

W badaniach tych wykorzystano metody wizualizacji stref ścinania i stref lokalizacji odkształceń oraz metodykę pomiaru odkształceń w tych strefach. Polegały one na nanoszeniu rys na boczną, wypolerowaną powierzchnię nieodkształconych próbek, co umożliwiało później analizę kształtu i zasięgu strefy ścinania. Linie te nanoszono równolegle do siebie, w kierunku prostopadłym do założonego kierunku ścinania. Stosowano przy tym pryzmatyczną końcówkę twardościomierz. Odstępy między liniami wynosiły 0,5 lub 1,0 mm. Zabieg nanoszenia linii różnił się w przypadku badania kształtu i zasięgu strefy lokalizacji odkształceń, badania te wymagały bowiem usuwania wcześniejszych śladów odkształceń i ponownego nanoszenia rys przed kolejnym docinaniem próbki.

Większość tych badań przeprowadzono przy kącie natarcia $\alpha$ = 0°. Badanymi tu materiałami były: M1E, M63, MO58, E04, PA2 i PA6. Długość odcinanych części ograniczono do dwóch, typowych dla ścinania z jednym koncentratorem naprężeń, to jest do $l_c$ = 3 mm i $l_c$ = 6 mm. Jedynie przy analizie rozkładu odkształceń stosowano różne kąty natarcia, to jest $\alpha$ = (-)10°, $\alpha$ = 0° i $\alpha$ = (+)10° oraz jeden materiał, to jest miedź M1E.

Wyniki badań stanowiły fotografie ilustrujące ugięcie linii kontrolnych, określające kształt i zasięg badanych stref ścinania (stref lokalizacji) oraz wykresy odkształceń wyznaczanych w różnych miejscach tych stref. Miejscami tymi były granica strefy ścinania, stanowiąca przedłużenie założonego kierunku ścinania oraz umowna płaszczyzna ścinania. Ponadto, dla porównania na wykresy te nanoszono wartość odkształceń postaciowych, obliczoną zgodnie z założeniami modelu Merchanta ($\gamma = \cos\alpha / \sin\phi \cos(\phi-\alpha)$) i nie ulegającą zmianie wzdłuż całej umownej płaszczyzny ścinania. Rzeczywiste wartości odkształceń postaciowych $\gamma$ określano na podstawie kąta ugięcia $\psi$ naniesionych wcześniej linii kontrolnych, to jest obliczano je ze wzoru ($\gamma = tg\ \psi$).

### 7.2.3 Metodyka badania makroskopowego przebiegu pękania

Przyjęte tu założenie co do znaczenia pojedynczego cyklu skrawania, wymagało badań potwierdzających sugerowany związek końca tego cyklu ze skutkami pełnej ewolucji struktury dyslokacyjnej, to jest rozwojem pękania. Należało więc wykazać wzajemne powiązania pomiędzy rozwojem pękania oraz kształtem i granicą strefy ścinania.

Przyjęta w ślad za tym metodyka badania makroskopowego przebiegu pękania, polegała na wyznaczaniu obrysu strefy ścinania (strefy lokalizacji odkształceń) i analizie związku pomiędzy tym obrysem i kształtem trajektorii pękania.

W badaniach tych wykorzystano głównie podlegające pękaniu, to jest E04, MO58 i MM59. Proces ścinania realizowano przy stałym kącie natarcia $\alpha$ = $0^0$ i stałej długości odcinanej części materiału $l_c$ = 3,0 mm.

### 7.2.4 Metodyka badania mechanizmu lokalizacji odkształceń i pękania po granicach makroskopowej strefy lokalizacji odkształceń

W myśl zasad badania mechanizmu ścinania, wynikających z omówionej wcześniej koncepcji Dzidowskiego (patrz rozdz. 1.3), makroskopowe pękanie ścinanego materiału powinno przebiegać wzdłuż izotermicznych pasm ścinania.

Dlatego też, kolejnym krokiem po uzyskaniu ewentualnego potwierdzenia związku makroskopowej trajektorii pękania z granicami strefy ścinania (patrz podrozdział 7.2.3), należało znaleźć dowody na związek makropęknięcia z izotermicznymi pasmami ścinania.

Omawiana tu metodyka ma posłużyć wspomnianemu wyżej celowi, to jest wykazaniu obecności izotermicznych pasm ścinania przy skrawaniu.

Do zdobycia takiego dowodu wykorzystano elektronowy mikroskop skaningowy JEOL JSM-5800LV. Próbki do tych badań wycinano w ten sposób, aby możliwa była obserwacja całej strefy ścinania, a szczególnie jej wierzchołka i granicy, stanowiącej przedłużenie założonego kierunku ścinania. Badano topografię powierzchni, znaczniki odkształceń plastycznych oraz uskoki świadczące o ścinaniu badanego materiału. Ponadto, przeprowadzano mikroanalizy rentgenowskie w celu określenia ewentualnego związku pękania z obecnością wydzieleń i wtrąceń [160]. Wyniki obserwacji rejestrowano na błonie fotograficznej Fomapan 100 o szerokości 6 cm. Dodatkowo zapisywano je na dysku komputera, w postaci pliku graficznego z rozszerzeniem TIF.

### 7.2.5 Metodyka badania mechanizmu pękania wzdłuż granic ziaren

Potwierdzenie mechanizmu pękania wzdłuż izotermicznych pasm ścinania, usytuowanych na granicy strefy ścinania nie wyklucza ewentualnej zmiany kierunku i mechanizmu pękania, co stwierdzono w przypadku procesu przecinania plastycznego, gdzie występują dwa koncentratory naprężeń.

Dlatego też, przewidziano badania mające na celu wykluczenie lub potwierdzenie obecności takiej zmiany w przypadku ścinania z jednym koncentratorem – skrawaniu.

Do badań tych, podobnie jak poprzednio, wykorzystano elektronowy mikroskop skaningowy oraz mikroskop optyczny.

Próbki do tych badań były przygotowane w specyficzny sposób, to jest były nie tylko polerowane przed ścinaniem, ale również trawione w celu ujawnienia granic ziaren. Stosowano przy tym odczynniki właściwe dla danego materiału (PN-75/H04512).

Stosowano taką samą technikę rejestracji wyników badań, jak w przypadku badań omówionych w podrozdziale 7.2.4.

### 7.2.6 Metodyka badań fraktograficznych

W celu pełniejszego udokumentowania mechanizmów pękania, sugerowanych przez ich związek z lokalizacją odkształceń w izotermicznych pasmach ścinania i/lub z poślizgiem po zdefektowanych granicach ziaren, przewidziano badania fraktograficzne.

Na podstawie tych badań dokonywano rozstrzygnięć, co do sposobu pękania, analizując kształt i ułożenie języczków (dołeczków) na obu powierzchniach przełomów, uzyskanych wskutek pękania ścinanego materiału. Stosowane przy tym zasady ilustruje tabela 7.2.

Tab. 7.2. Metodyka ustalania mechanizmu (sposobu) pękania na podstawie fraktografii przełomów powstających wskutek pękania plastycznego.

<table>
<tr><th colspan="3">Sposób pękania</th><th colspan="3">Sposób pękania</th></tr>
<tr><td rowspan="2">Stan naprężenia</td><td colspan="2">Budowa przełomu</td><td rowspan="2">Stan naprężenia</td><td colspan="2">Budowa przełomu</td></tr>
<tr><td>Kształt języczków widoczny przez materiał</td><td>Kształt języczków widoczny na powierzchniach przełomu</td><td>Kształt języczków widoczny przez materiał</td><td>Kształt języczków widoczny na powierzchniach przełomu</td></tr>
<tr><td colspan="3">Sposób I (rozwieranie - rozciąganie osiowe)</td><td colspan="3">Kombinacja sposobu I i III</td></tr>
<tr><td></td><td></td><td>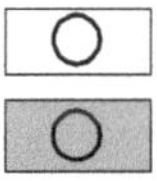</td><td rowspan="5">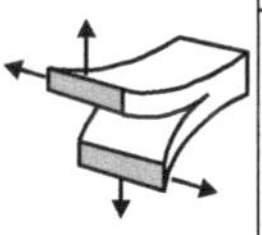</td><td rowspan="2"></td><td rowspan="2">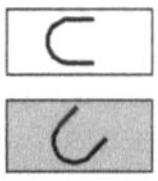</td></tr>
<tr><td colspan="3">Sposób I (rozwieranie - rozciąganie nieosiowe)</td></tr>
<tr><td>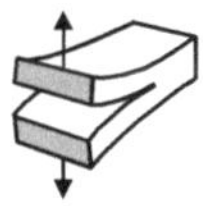</td><td>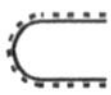</td><td>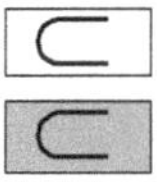</td><td rowspan="2"></td><td rowspan="2">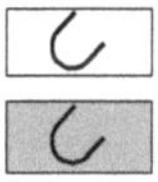</td></tr>
<tr><td colspan="3">Sposób II (ścinanie poprzeczne)</td></tr>
<tr><td>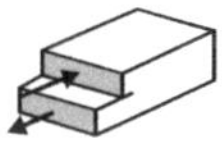</td><td></td><td>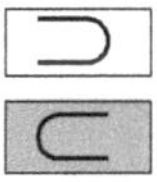</td><td></td><td>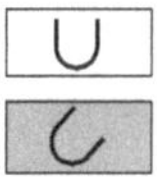</td></tr>
<tr><td colspan="3">Sposób III (ścinanie równoległe)</td><td colspan="3">Kombinacja sposobów II i III</td></tr>
<tr><td>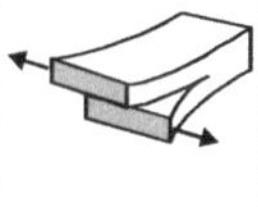</td><td></td><td>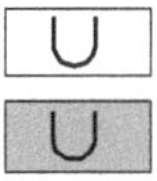</td><td>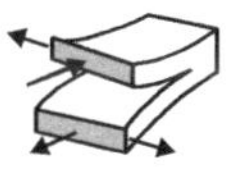</td><td></td><td>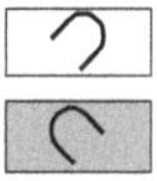</td></tr>
<tr><td colspan="3">Kombinacja sposobów I i II</td><td colspan="3">Kombinacja sposobów I, II i III</td></tr>
<tr><td rowspan="3">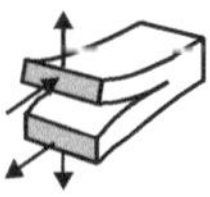</td><td></td><td>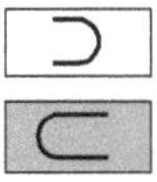</td><td rowspan="3">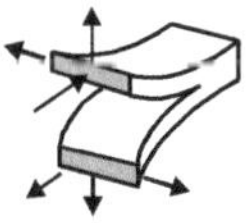</td><td></td><td>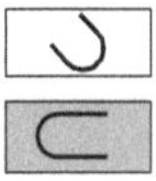</td></tr>
<tr><td></td><td>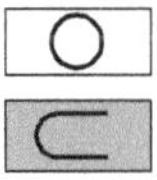</td><td></td><td>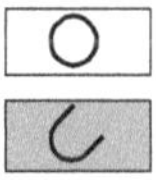</td></tr>
<tr><td></td><td>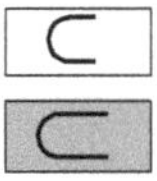</td><td></td><td>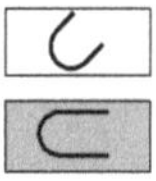</td></tr>
</table>

# 8
# Wyniki badań własnych

Badania własne przeprowadzone zostały zgodnie z opracowanymi planami badań, przedstawionymi w rozdziale 4. W pierwszej kolejności omówione zostaną wyniki badań wstępnych, a następnie badań zasadniczych.

Jak już wcześniej wspomniano, przedmiotem badań wstępnych była próba oszacowania możliwości adaptacji mezoskopowego modelu przecinania plastycznego wg Dzidowskiego, do opisu procesu skrawania.

Tytułem przypomnienia warto nadmienić, że założonym celem badań wstępnych było uzyskanie potwierdzenia analogii skutków - zezwalającej na przejęcie ogólnej koncepcji modelowania i sposobu badań, sprawdzonych w przypadku przyjętego punktu odniesienia, jakim jest proces przecinania plastycznego. Taki tryb postępowania był uzasadniony potrzebą określenia elementów procesu skrawania, które nie były do tej pory przedmiotem obszerniejszych badań, a wybór których uzasadniał przyjęty punkt odniesienia.

Założono przy tym, że uzyskanie pozytywnego wyniku badań wstępnych pozwoli skoncentrować całe badania zasadnicze na znalezieniu dowodów potwierdzających nie tylko analogie skutków globalnych, ale również analogie w mezomechanizmach ścinania dla obu procesów.

## 8.1. Analiza wyników badań wstępnych

Jak wynika przyjętych celów badań, badania te powinny umożliwić płynne przechodzenie od ścinania z dwoma koncentratorami naprężeń do ścinania z jednym koncentratorem, bez zmiany układu narzędzi ścinających i wyjściowego przekroju próbek.

Oznacza to, że do spowodowania przejścia od ścinania z dwoma koncentratorami do ścinania z jednym koncentratorem powinna wystarczyć wyłącznie zmiana długości odcinanej części materiału. Taki tok postępowania był niezbędny z dwóch powodów. Po pierwsze, umożliwiał analizę wspomnianej wyżej analogii w całym, istotnym zakresie potrzebnych tu długości odcinanych części materiału.

Po drugie, umożliwiał również jednoznaczne ustalenie długości krytycznej ze względu na zmianę liczby aktywnych koncentratorów naprężeń. To ostatnie ustalenie było niezbędne z punku widzenia pewności co do tego, czy ścinanie odbywa się wyłącznie wskutek działania pojedynczego koncentratora naprężeń.

Było to niezbędne dla uzyskania pewności, że przyjęta metodyka badań procesu ścinania umożliwi obserwację co najmniej kilku, następujących po sobie, pojedynczych cykli ścinania z jednym aktywnym koncentratorem naprężeń. Warto nadmienić, że w gruncie rzeczy zasadniczym przedmiotem niniejszych badań jest pojedynczy cykl ścinania i jego typowe fazy, wynikające ze skutków ewolucji struktury dyslokacyjnej (patrz rozdział 1.3), a nie ustalona faza procesu – typowa dla wióra ciągłego.

Wyniki badań, uzyskane przy powyższych założeniach, przedstawiono w dwóch poniższych podrozdziałach. Pierwszy z nich dotyczy podobieństwa globalnych skutków, a drugi ustalenia długości krytycznej ze względu na zmianę liczby aktywnych koncentratorów naprężeń z dwóch na jeden.

### 8.1.1. Wpływ długości odcinanej części materiału na podobieństwo globalnych skutków procesów ścinania z jednym i z dwoma koncentratorami naprężeń

Wyniki badań nad wpływem grubości ścinanej warstwy materiału na podobieństwo globalnych skutków przecinania plastycznego i skrawania przedstawiono na rysunkach 8.1 i 8.2.

Rysunek 8.1a ilustruje wpływ długości odcinanej części próbki na przebieg ścinania czystej miedzi, która nie pęka plastycznie podczas próby przecinania [97, 132]. Rysunek 8.2a przedstawia natomiast wpływ długości odcinanej części próbki na przebieg ścinania materiału, który pęka w próbie przecinania.

Jak wynika z rysunków 8.1a i 8.2a, powielane są zachowania ścinanego materiału, niezależnie od długości odcinanej części próbki. Oznacza to, że materiał nie wykazujący skłonności do pękania nie pęka w całym zakresie stosowanych długości, a materiał wykazujący taką skłonność przy przecinaniu, zachowuje ją również przy skrawaniu.

Jedyna różnica w makroskopowym zachowaniu się materiału podlegającemu pękaniu polega na tym, że wraz ze zmniejszeniem długości odcinania oraz idącym za tym spadkiem aktywności drugiego koncentratora naprężeń, zmienia się stosunkowo szybko liczba trajektorii pękania z dwóch przeciwległych na jedną, rozwijającą się od strony ruchomego noża.

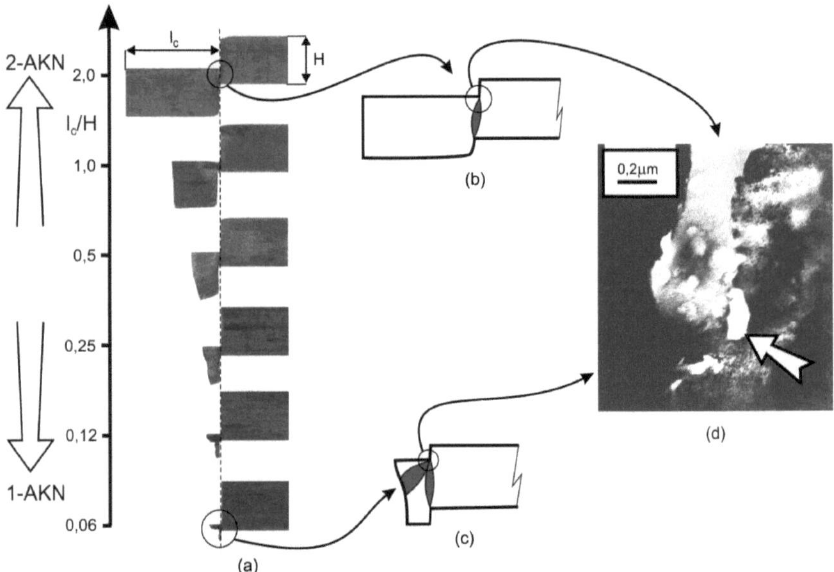


Rys.8.1. Wpływ długości odcinanej części materiału ($l_c$) na przejście od przecinania do skrawania (a) i na sposób lokalizacji odkształceń (b, c) oraz strukturę materiału w strefie lokalizacji odkształceń, świadczącą o mikrorekrystalizacji dynamicznej - eliminującej pękanie w ścinanym materiale (d). Badany materiał: miedź M1E.

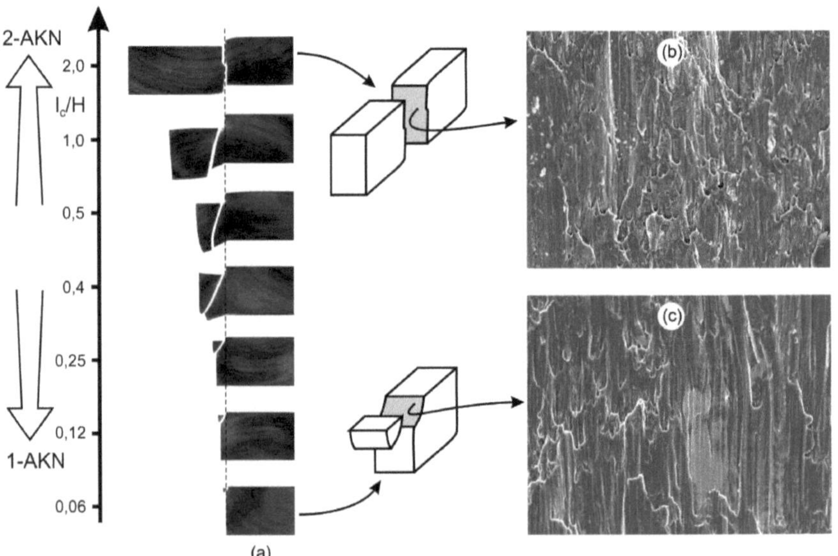


Rys. 8.2. Wpływ długości odcinanej części materiału ($l_c$) na liczbę i kierunek trajektorii pękania (a) oraz fraktografie przełomów (b, c), potwierdzające identyczność mechanizmów pękania, bez względu na liczbę aktywnych koncentratorów naprężeń. Badany materiał: mosiądz MO58.

Uzyskane wyniki potwierdzają analogię makroskopowych skutków, bez względu na liczbę aktywnych koncentratorów naprężeń (więcej wyników badań i ich omówienie podano w pracach [129 ÷ 131]. Potwierdzenie takiej analogii nie musi oznaczać oczywiście podobieństwa mechanizmów ścinania. Dlatego też, w celu uzyskania choćby wstępnego potwierdzenia mechanizmu ścinania badane próbki poddano analizie elektronomikroskopowej. Wyniki tych badań przedstawiono na rysunkach 8.1d oraz 8.2b,c.

Jak wynika z rysunku 8.1d, przyczyną braku pękania była rekrystalizacja dynamiczna, eliminująca skłonność badanego materiału do pękania [154]. Szersze omówienie wpływu rekrystalizacji dynamicznej na skłonność materiału wzdłuż mezoskopowych pasm ścinania można znaleźć w pracach [97, 132]. Tu jedynie pragnie się stwierdzić, że taki wynik badań wskazuje na możliwość tworzenia się wióra ciągłego wskutek powtarzającego się cyklicznie ścinania skrawającego, bez możliwości wejścia w stadium pękania. Oznacza to również, że bez względu na liczbę aktywnych koncentratorów naprężeń, nie ma istotnych różnic w ścinaniu materiałów podlegających rekrystalizacji dynamicznej.

Jak wynika z rysunku 8.2b,c, nie stwierdzono również różnicy we fraktograficznej budowie przełomów, uzyskanych przy krańcowo różnych długościach odcinanej części próbki i, co za tym idzie, przy różnej liczbie aktywnych koncentratorów naprężeń. Taki wynik wskazuje na identyczny przebieg, a więc i identyczny mechanizm pękania. W rozważanym przypadku są to przełomy typowe dla pękania poślizgowego, związanego z wcześniejszą obecnością mezoskopowych pasm ścinania.

Reasumując, można stwierdzić, że wyniki badań wstępnych potwierdziły zarówno podobieństwo skutków, jak i mechanizmów ścinania, bez względu liczbę analizowanych tu, aktywnych koncentratorów naprężeń. Tym samym uzyskano wstępne potwierdzenie możliwości wyjaśnienia mechanizmu tworzenia się dwu krańcowo różnych typów wióra (ciągłego i elementowego), stosując kryteria wynikające z mezoskopowego modelu ścinania, opracowanego przez Dzidowskiego. Oznacza to, że wyeliminowanie skłonności materiału do pękania wzdłuż mezoskopowych pasm ścinania prowadzi do tworzenia się wióra ciągłego, a wykorzystanie tej skłonności – do wióra elementowego.

Omówione tu wyniki badań wskazują na celowość dalszych, szczegółowych badań, zmierzających do głębszego poznania mechanizmu skrawania i umożliwiających popracowanie uproszczonego modelu tego mechanizmu, tłumaczącego mechanizm tworzenia się podstawowych typów wióra w warunkach nieadiabatycznych.

Dlatego też, wydaje się celowe zawężenie dalszych badań wyłącznie do poznania i opisu mezoskopowych aspektów skrawania. Temu zawężeniu będą służyły wyniki kolejnego podrozdziału.

### 8.1.2. Wpływ długości odcinanej części materiału na wartość maksymalnej siły ścinania - jako kryterium przejścia od ścinania z dwoma koncentratorami naprężeń do ścinania z jednym koncentratorem naprężeń

Wpływ grubości ścinania warstwy materiału na wartość maksymalnej siły ścinania przedstawiono na rysunku 8.3 i w tabeli 8.1.

Tab. 8.1. Wartości krytycznych długości odcinanych części materiału.

| L.p. | Materiał | **Krytyczna długość odcinania** ze względu na zmianę ścinania z dwoma koncentratorami naprężeń na ścinanie z jednym koncentratorem naprężeń | |
|---|---|---|---|
| | | Wartość bezwzględna $l_c$ [mm] | Wartość względna $l_w = l_c / H$ |
| 1 | M1E | 6,0 | 0,24 |
| 2 | M63 | 7,0 | 0,28 |
| 3 | MO58 | 10,0 | 0,40 |
| 4 | E04 | 5,0 | 0,20 |
| 5 | PA2 | 11,5 | 0,46 |
| 6 | PA6 | 6,5 | 0,26 |

Jak wynika z rysunku 8.3 i tabeli 8.1, we wszystkich badanych materiałach występuje spadek wartości maksymalnej siły ścinania, rozpoczynający się od określonej długości odcinanej części materiału, mniejszej od około $l_w \approx 0,4$. W związku z powyższym, do dalszych badań procesu skrawania przyjęto próbki o długości odcinanej części równej 3 i 6 mm, co odpowiada ich długości względnej odpowiednio 0,12 i 0,24. Są to długości, przy których z całą pewnością przestaje być aktywny jeden z dwóch koncentratorów, a ścinanie przebiega w sposób umożliwiający uzyskanie odpowiedniej liczby pojedynczych cykli ścinania. Prawidłowość tą dla skrawania potwierdza dodatkowo rysunek 8.4.

Jak wynika z rysunku 8.4, w przypadku ścinania materiałów nie tracących spójności przejście od ścinania z dwoma koncentratorami naprężeń do ścinania z jednym koncentratorem polega na odchyleniu kierunku rozwoju strefy lokalizacji z równoległego do założonego kierunku ścinania, do kierunku ułożonego skośnie względem kierunku ścinania (rys. 8.4a). W przypadku materiałów skłonnych do całkowitej utraty spójności, dzieje się podobnie, lecz odchylenie dotyczy trajektorii pękania.

W tym ostatnim przypadku, do wspomnianego odchylenia dochodzi bardzo szybko, przy czym pękanie rozwija się tylko od strony noża ruchomego. Oznacza to szybkie zmniejszenie aktywności jednego z koncentratorów (związanego z nożem stałym), co nie oznacza jednak równie szybkiego wychodzenia trajektorii pękania na swobodną powierzchnię materiału, równoległą do założonego kierunku ścinania.

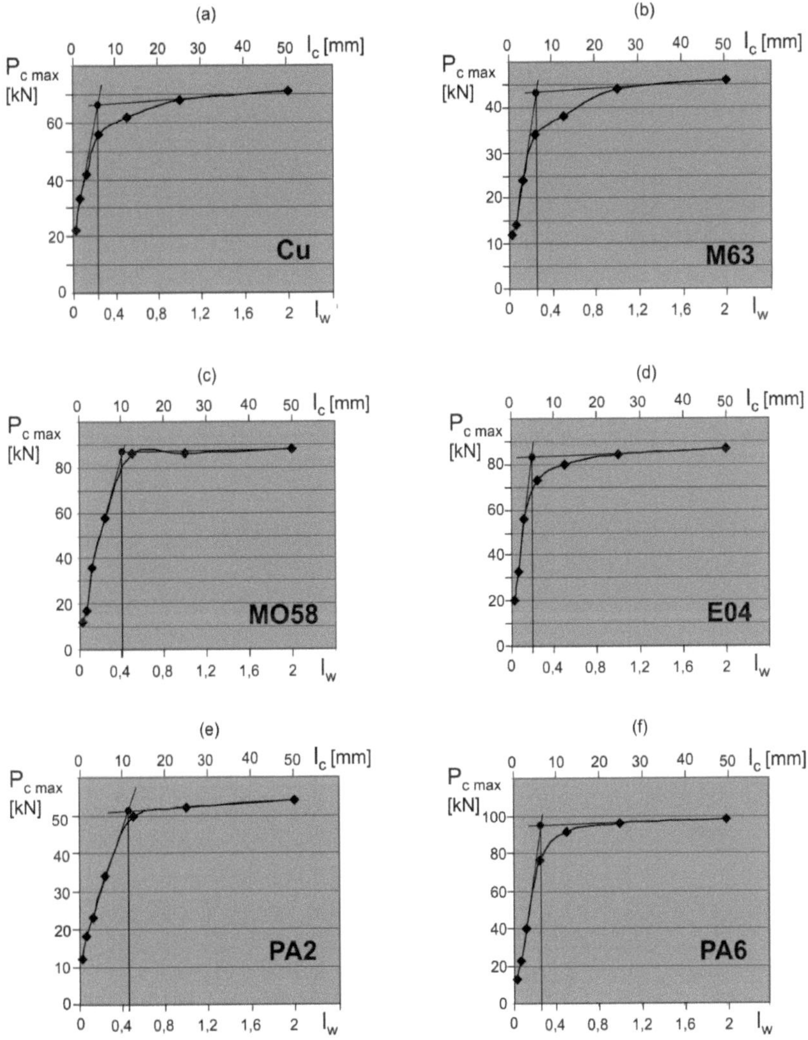


Rys. 8.3. Wykresy zależności maksymalnych wartości sił ścinania od długości odcinanej części próbki dla różnych materiałów, z zaznaczonymi punktami przegięcia krzywych, wyznaczonymi metodą stycznych; $l_w$ - względna długość odcinanej części materiału, $l_c$ - bezwzględna długość odcinanej części materiału, $P_{c\,max}$ - maksymalna siła ścinania. Rodzaj badanych materiałów podano na odpowiednich wykresach.

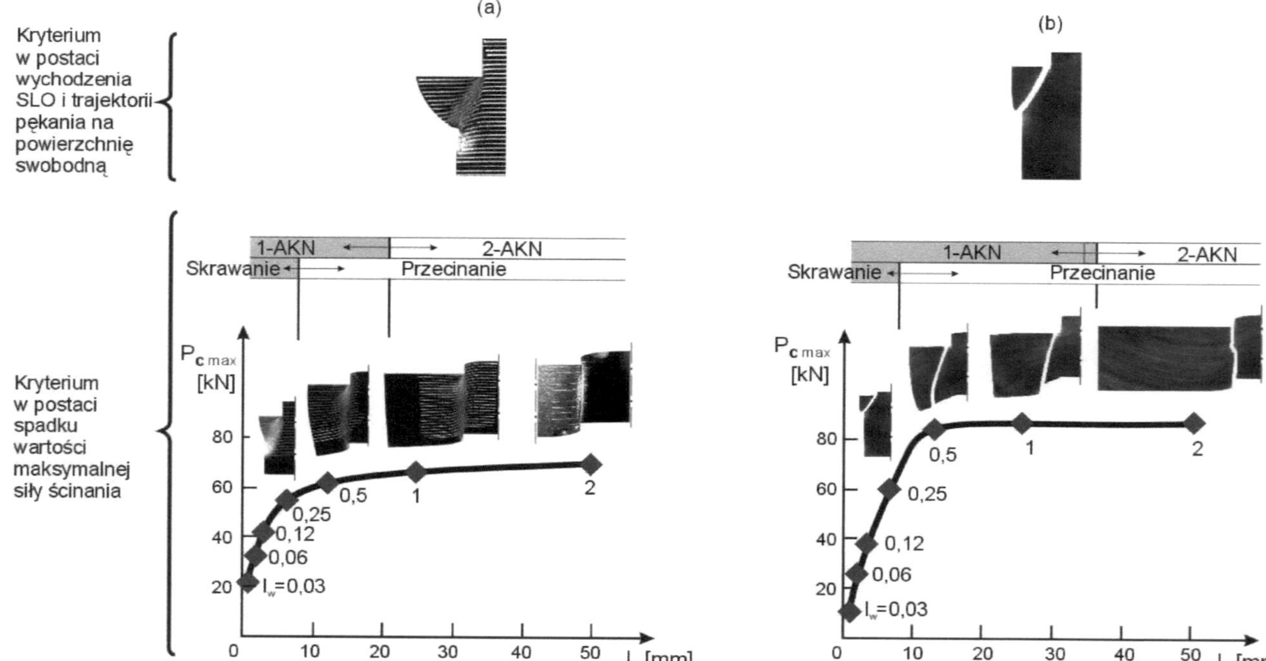


Rys. 8.4. Wpływ długości odcinanej części materiału na wartość maksymalnej siły ścinania $P_{c\,max}$, oraz na kształt i położenie strefy lokalizacji odkształceń (a) lub na sposób i kierunek rozwoju pękania (b). 1-AKN – ścinanie z jednym aktywnym koncentratorem naprężeń, 2-AKN – ścinanie z dwoma aktywnymi koncentratorami naprężeń, SLO – strefa lokalizacji odkształceń, $l_w$ - względna długość odcinanej części.

Na podstawie wyników przedstawionych na rysunku 8.4 można stwierdzić, że przyjęta metodyka zmiany liczby aktywnych koncentratorów naprężeń jest właściwa. Jak wynika bowiem z rysunku 8.4b, działanie jednego z dwu aktywnych koncentratorów zostaje wyraźnie osłabione już przy długości względnej $l_w = 1$. Niemniej jednak, wyraźne wyjście pojedynczej trajektorii pękania na powierzchnię swobodną, równoległą do kierunku ścinania, następuje dopiero przy względnej długości odcinanej części materiału $l_w < 0,4$, kiedy to nie obserwuje się absolutnie żadnej aktywności drugiego z istniejących koncentratorów naprężeń. Świadczy o tym fotografia próbki, uzyskana dla $l_w = 0,25$ (patrz rys. 8.4b).

W efekcie, stwierdzić można, że wyniki uzyskane dla krańcowo różnych przypadków procesu ścinania w pełni potwierdzają możliwość uzyskania warunków skrawania, po zmniejszeniu względnej długości odcinanej części próbki do wartości $l_w < 0,4$. Oznacza to, że w rozważanym przypadku badań, za jednoznaczne kryterium przejścia od ścinania z dwoma koncentratorami naprężeń do skrawania można przyjąć zarówno zmianę kierunku rozwoju strefy lokalizacji odkształceń, jak i kierunku pękania, biorąc pod uwagę, że dla skrawania kierunki obu tych zjawisk odchylają się w kierunku powierzchni swobodnej - równoległej do założonego kierunku ścinania.

## 8.2. Analiza wyników badań zasadniczych

Zgodnie z założonym planem, badania zasadnicze obejmowały dwie podstawowe grupy badań skrawania, to jest badania makroskopowe i badania elektrono-mikroskopowe.

Zasadniczym celem badań makroskopowych było:

- ustalenie możliwości stosowania maksimum siły jako kryterium makroskopowej utraty stateczności (początku lokalizacji odkształceń),
- określenie kształtu i kierunku rozwoju stref lokalizacji odkształceń,
- określenie związku kształtu strefy lokalizacji odkształceń z trajektorią pękania.

Cele badań elektronomikroskopowych sprowadzały się, najogólniej rzecz biorąc, do wyjaśnienia przyczyn pękania i jego związku z lokalizacją odkształceń, i jako takie były nastawione na poznanie synergizmu przewidywanych tu mechanizmów lokalizacji odkształceń i pękania wzdłuż mezoskopowych pasm ścinania.

### 8.2.1. Analiza przebiegu sił ścinania

Przebiegi sił ścinania, otrzymane dla materiałów o krańcowo różnych skłonnościach do pękania i względnej długości odcinanej części, zmiennej w zakresie od 2,0 do 0,03 zestawiono w tabeli 8.2.

Tab. 8.2. Zestawienie wykresów ścinania materiałów o krańcowo różnych skłonnościach do pękania

| **Względna długość odcinanej części $l_w$** | **Wykresy ścinania** | |
|---|---|---|
| | **Proces z nakładaniem się pojedynczych cykli ścinania** (Materiał: M1E) | **Proces z wyraźnymi, pojedynczymi cyklami ścinania** (Materiał: MO58) |
| 2 | 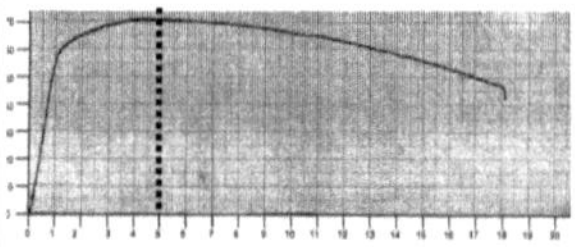 | 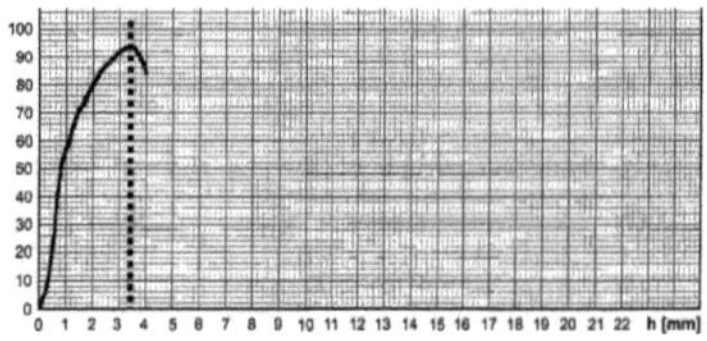 |
| 1 | 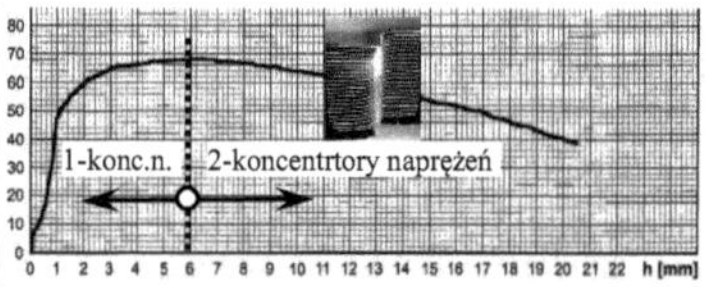 | *(brak badań)* |
| 0,5 | 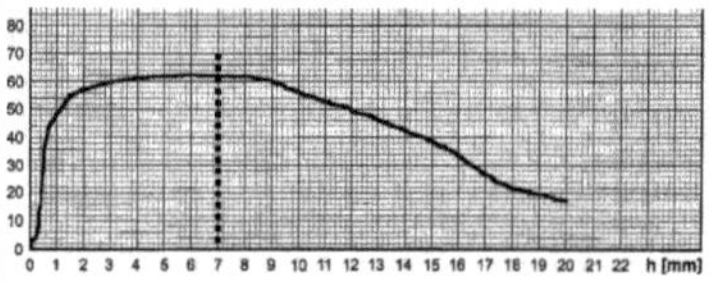 | *(brak badań)* |
| 0,25 | 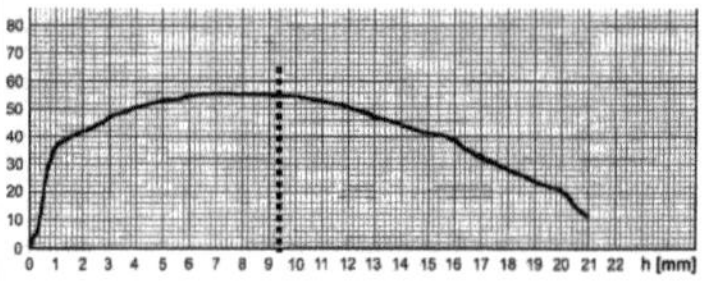 | 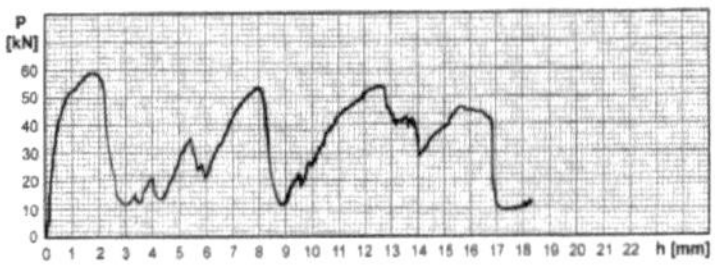 |
| 0,125 | 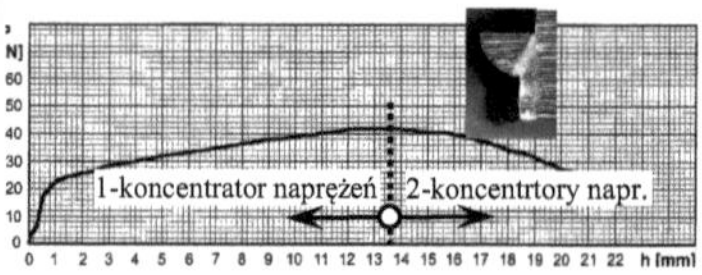 | 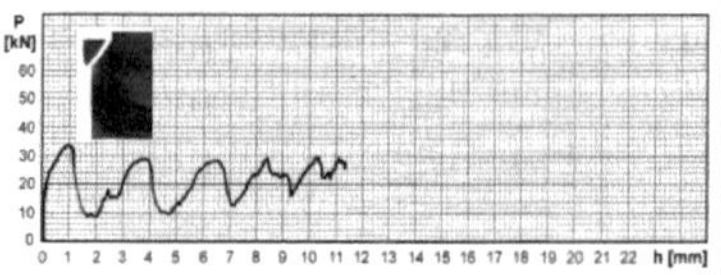 |
| 0,062 | 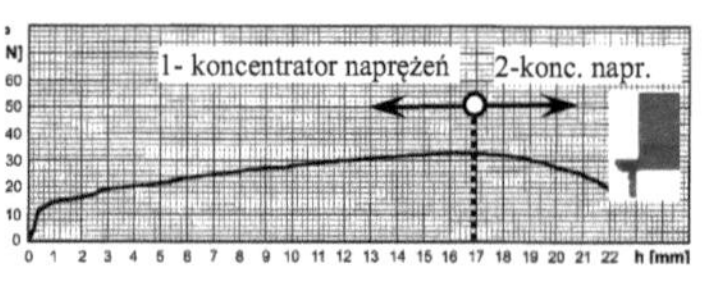 | 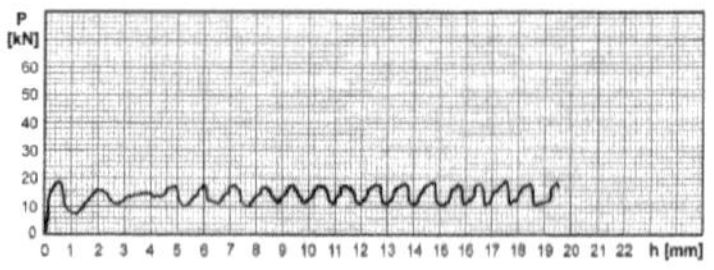 |
| 0,031 | 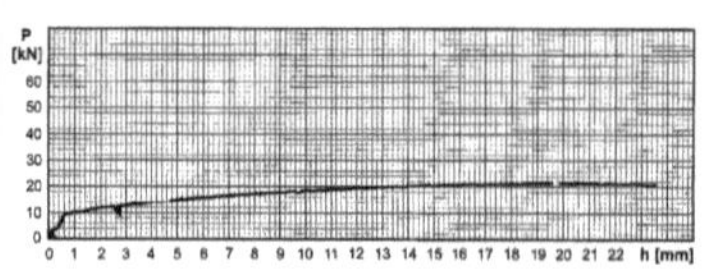 | 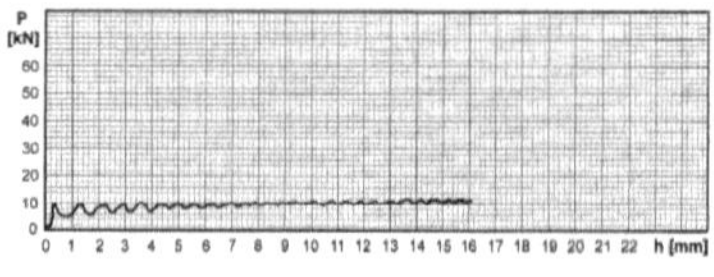 |

Jak wynika z tabeli 8.2, położenie maksimum sił ścinania przemieszcza się w prawo dla materiałów nie wykazujących skłonności do pękania, i w lewo - dla materiałów wykazujących wyraźną skłonność do pękania.

Pierwszy z tych materiałów (M1E) nie wykazuje absolutnie żadnej cykliczności w przebiegu sił ścinania, i to niezależnie od wartości względnej długości odcinanej części materiału.

Drugi z materiałów (MO58) wykazuje natomiast ostro zarysowaną cykliczność, pojawiającą się po wejściu w zakres ścinania z jednym koncentratorem naprężeń. Cykliczność ta przejawia się falisto-piłowym przebiegiem siły w przypadku ścinania, przy czym obserwuje się wzrost częstotliwości maksimów w miarę zmniejszania się względnej długości odcinanej części materiału.

Z powyższej analizy wynika, że wyraźne przemieszczanie się w prawo maksimów sił po wejściu w zakres skrawania świadczy o niewątpliwym nakładaniu się następujących po sobie pojedynczych cykli ścinania skrawającego. Nie można jednak rozróżnić tych pojedynczych cykli. Nie wiadomo również, kiedy rozpoczyna się ich nakładanie. Można natomiast stwierdzić z całą pewnością, kiedy się ono kończy. Wynika to ze stwierdzonej wcześniej rekrystalizacji dynamicznej (rys. 8.1d), która zachodzi w obrębie mezoskopowych pasm ścinania i niweczy skłonność do pękania materiału. Warto zauważyć również, że po przekroczeniu maksimum siły ścinającej zmienia się przebieg procesu. Polega to na powrocie do ścinania z dwoma koncentratorami naprężeń, kiedy to pozostaje do odcięcia stosunkowo niewielka grubość materiału i uaktywnia się drugi (nieruchomy) koncentrator naprężeń. W efekcie tego proces tworzenia się wióra zostaje zahamowany i dochodzi do typowego przecinania materiału (patrz np. tab. 8.2 – wykres i fotografia dla $l_w$ = 0,062).

Reasumując, należy stwierdzić, że maksimum siły nie może stanowić kryterium lokalizacji odkształceń w przypadku ścinania materiałów nie wykazujących skłonności do pękania podczas skrawania. Może natomiast być takim kryterium w przypadku tych materiałów i względnej długości odcinanej części materiału $l_w > 1$ (patrz tabela 8.2) oraz w przypadku materiałów wykazujących wybitną skłonność do pękania.

Warto nadmienić, że omówione wyżej badania dostarczyły pośrednio również innego dowodu, to znaczy potwierdziły słuszność założenia, co do możliwości stosowania przyjętej metodyki ścinania w celu uzyskania znaczącej liczby powtarzających się cykli skrawania. W rozważanym przypadku możliwość ta dotyczy w ograniczonym zakresie ścinania miedzi (M1E), to znaczy jest ona możliwa do momentu pojawienia się maksimum, charakterystycznego dla zakrytycznych długości względnych ($l_w < 0,4$). Natomiast w całości dotyczy ścinania materiałów wybitnie skłonnych do pękania.

### 8.2.2. Analiza makroskopowego kształtu i kierunku rozwoju stref lokalizacji odkształceń powstających przy skrawaniu oraz rozkładu odkształceń w tych strefach

Wyniki analizy kształtu oraz położenia i rozkładu odkształceń w strefie ścinania przedstawiono w tabeli 8.3 oraz na rysunku 8.5.

Jak wynika z tabeli 8.3 strefy ścinania (strefy lokalizacji odkształceń) przyjmują kształt typowy dla skrawania. Kształt ten przypomina na ogół kształt połowy soczewki, której wierzchołek rozpoczyna się pod krawędzią tnącą noża, a sama ona odchyla się od założonego kierunku ścinania i wychodzi na swobodną powierzchnię odcinanego materiału, równoległą do założonego kierunku ścinania.

Znamienne przy tym jest to, że początkowy fragment tej pół-soczewkowatej strefy lokalizacji odkształceń, usytuowany od strony litego materiału, pokrywa się w znacznym stopniu z założonym kierunkiem ścinania i dopiero później odchyla się w kierunku wspomnianej wyżej powierzchni swobodnej.

Opisane wyżej cechy strefy ścinania (lokalizacji odkształceń) są typowe dla materiałów nie wykazujących skłonności do pękania, lub wykazujących ją w umiarkowanym stopniu (patrz tabela 8.3 – materiały: M1E, M63, E04, PA2).

Strefy lokalizacji odkształceń, obserwowane w materiałach wyraźnie skłonnych do pękania, są zdecydowanie węższe i mniej rozbudowane w kierunku założonego ścinania (patrz tabela 8.3 – materiały: MO58 i PA6).

Rysunek 8.5 ilustruje rozkład odkształceń postaciowych, wyznaczanych różnymi metodami i w różnych miejscach stref ścinania, uzyskanych dla trzech wartości kąta natarcia.

Odkształcenia postaciowe obliczano stosując pojęcie umownej płaszczyzny ścinania i charakterystyczny dla niej wzór na odkształcenia postaciowe, jak również na podstawie pomiaru kąta ugięcia linii - początkowo prostych i prostopadłych do założonego kierunku ścinania (patrz rys. 8.5).

Jak wynika z rysunku 8.5, uzyskano różne wyniki obliczeń w zależności od przyjętej metody i wybranego miejsca pomiaru. Najwyższe i stałe wartości odkształceń teoretycznych uzyskano w przypadku obliczeń według klasycznego wzoru teoretycznego, stosowanego przy skrawaniu ortogonalnym (patrz rys. 8.5 – prosta nr 1).

Wyniki obliczeń otrzymane na podstawie rzeczywistych przemieszczeń materiału okazały się diametralnie różne, zarówno co do wartości, jak i rozkładu i to dla obu wybranych miejsc analizy. Pierwszym z tych miejsc były miejsca przecięcia umownej płaszczyzny ścinania z ugiętymi liniami przemieszczeń (patrz rys. 8.5, krzywa nr 2). Drugim była natomiast granica strefy lokalizacji odkształceń, leżąca na przedłużeniu założonego kierunku ścinania (rys. 8.5, krzywa nr 3).

Tab. 8.3. Kształt i położenie strefy lokalizacji odkształceń w badanych materiałach.

| Materiał | Długość odcinanej części próbki $l_c$ | |
|---|---|---|
| | 3,0 mm | 6,0 mm |
| **CU (M1E)** | 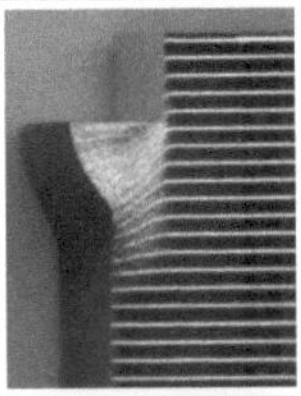 | 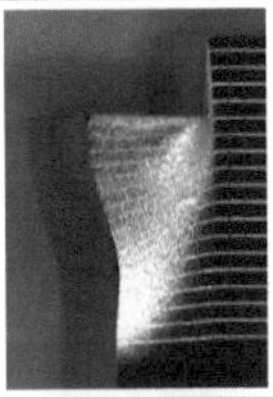 |
| **M63** | 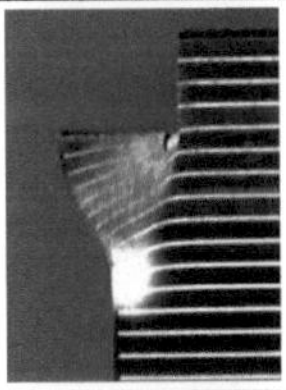 | 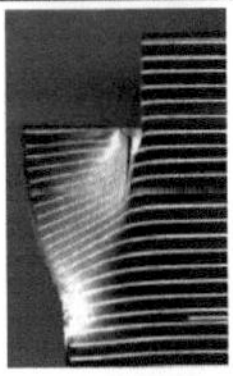 |
| **MO58** |  | 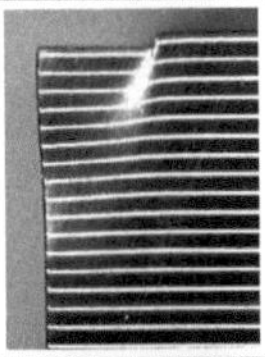 |
| **E04** | 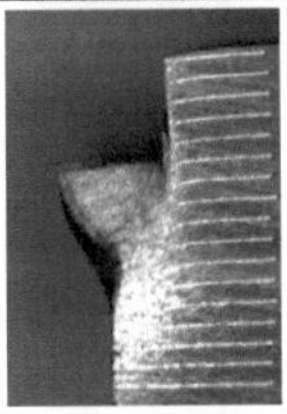 | 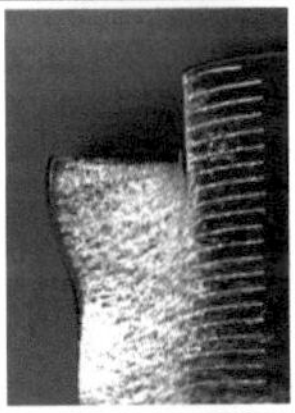 |
| **PA2** |  | 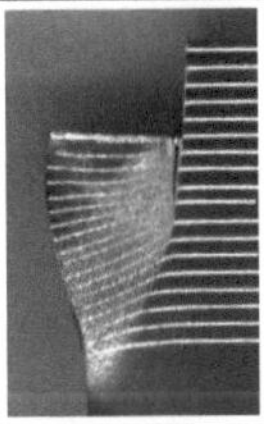 |
| **PA6** | 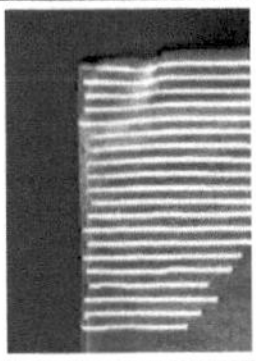 | 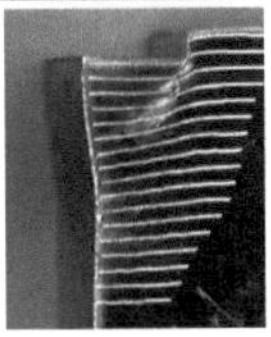 |

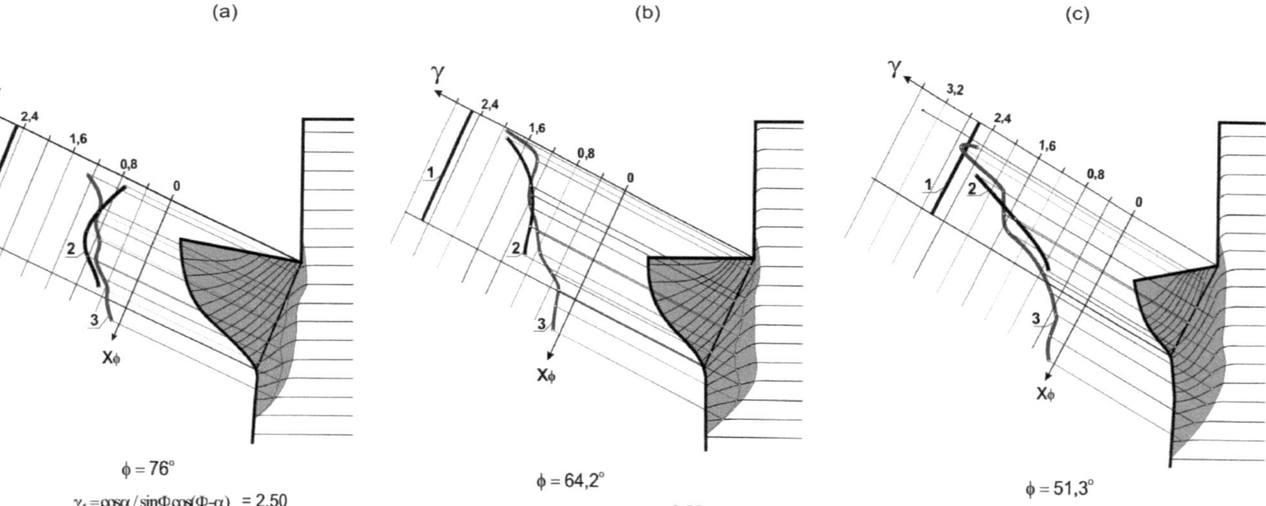


Rys. 8.5. Kształt strefy ścinania i rozkład odkształceń postaciowych w tej strefie w zależności od kąta ścinania: (a) - dla kąta natarcia a =1 0 o ; (b) - dla kąta natarcia a = 0 o; (c) - dla kąta natarcia a = -10 o; 1 - odkształcenia teoretyczne wzdłuż umownej płaszczyzny ścinania; 2 - odkształcenia obliczone wzdłuż umownej płaszczyzny ścinania; 3 - odkształcenia obliczone wzdłuż granicy strefy ścinania. Materiał: Cu (M1E), głębokość nadcięcia h = 8,0 mm.

Obie krzywe, ilustrujące wartości rzeczywistych odkształceń, wykazują tendencję silnie spadkową, gdy tymczasem odkształcenia teoretyczne utrzymują się na stałym poziomie. Oznacza to, że teoretyczny sposób obliczania odkształceń daje nie tylko zawyżone ich wartości, ale również fałszuje ich rozkład, sugerując, że są one niezmienne na całej długości umownej płaszczyzny ścinania. Rozkładu takiego nie potwierdzają przeprowadzone tu badania, nawet w przypadku uwzględnienia zakładanego położenia tej płaszczyzny (patrz rys. 8.5, krzywa nr 2).

Obliczenia odkształceń w miejscach największych ugięć linii pomiarowych pozwoliły ustalić ich największe wartości w pobliżu krawędzi tnącej, z bardzo wyraźną tendencją do spadku wzdłuż granicy strefy lokalizacji odkształceń. Znamienne jest przy tym to, iż zmiana kąta natarcia od wartości plus $10^{\circ}$ do wartości minus $10^{\circ}$ zmienia zarówno zasięg strefy ścinania wzdłuż założonego kierunku ścinania, jak i rozkład odkształceń postaciowych, których maksymalne wartości eksperymentalne okazały się najwyższe w przypadku ścinania z ujemnym kątem natarcia. Prawidłowość tę wykazują również wartości obliczone teoretycznie, przy czym uzyskane różnice są niewspółmiernie małe w porównaniu z różnicami uzyskanymi w pierwszym przypadku.

Reasumując, należy stwierdzić, że ani położenie, ani obliczone teoretyczne wartości odkształceń wzdłuż umownej płaszczyzny ścinania nie znalazły potwierdzenia w pomiarach eksperymentalnych. Oznacza to błędność założeń teoretycznych, co do położenia i sposobu rozwoju odkształceń wzdłuż umownej płaszczyzny ścinania (rys. 8.5, prosta 1). Oznacza to również błędne mniemanie na temat sposobu rozwoju odkształceń, który jest w tym przypadku sprowadzany do nieskończenie cienkiej warstwy materiału. Wynika z tego, że obszarem rozważań powinna i musi być cała rzeczywista strefa lokalizacji odkształceń, a szczególnie jej granica - stanowiąca przedłużenie założonego kierunku ścinania. Tam bowiem stwierdzono zarówno największe wartości odkształceń, jak i to, że są one osiągane głównie na tej granicy – w miarę rozwoju procesu ścinania (rys. 8.5, krzywa 3).

Dlatego też, przedmiotem dalszych rozważań jest analiza kształtu i położenia wspomnianej granicy strefy lokalizacji odkształceń w kontekście ewentualnego jej związku z pękaniem - sugerowanym tu przez stwierdzoną wyżej tendencję w doświadczalnie stwierdzonym rozkładzie odkształceń.

### 8.2.3. Analiza usytuowania i makroskopowego przebiegu pękania przy skrawaniu

Usytuowanie makroskopowej trajektorii pękania względem zarysu strefy ścinania (lokalizacji odkształceń) pokazano na rysunku 8.6.

Jak wynika z rysunku 8.6, pękanie przebiega istotnie wzdłuż granicy strefy lokalizacji odkształceń i nic nie wskazuje, aby miało ono jakikolwiek związek z umowną płaszczyzną

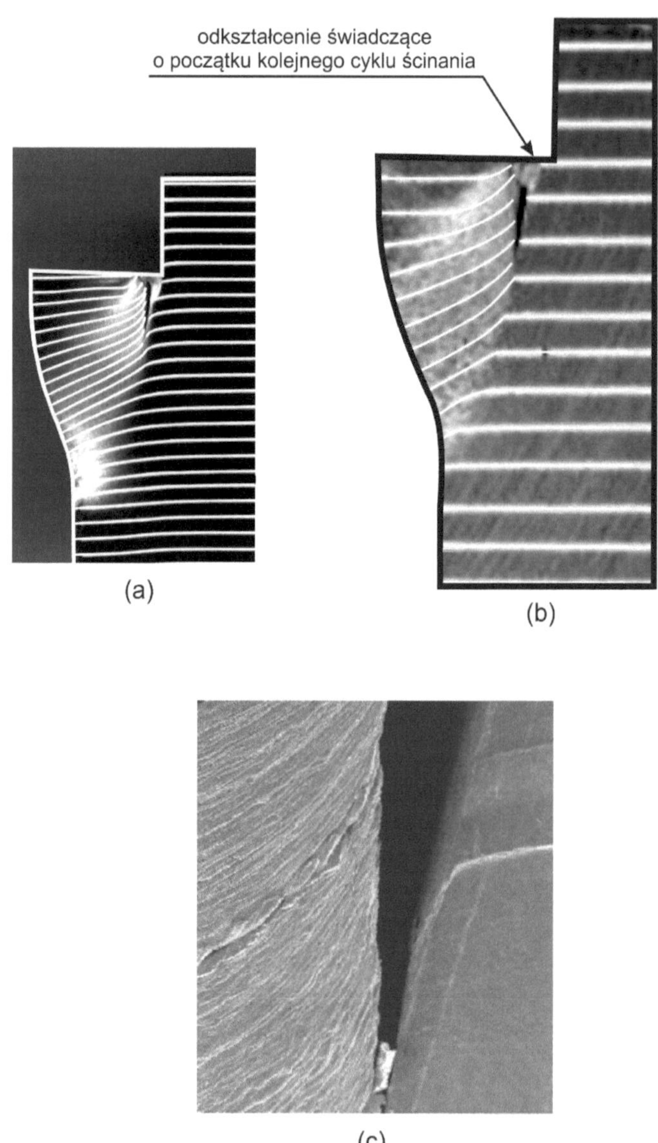


Rys. 8.6. Przebieg pękania po granicy strefy lokalizacji odkształceń (SLO); (a,b) - ogólny widok strefy lokalizacji odkształceń i usytuowanego na jej granicy pęknięcia, (c) - elektronografia strefy pękania obrazująca różnice w stopniu odkształcenia po obu stronach pęknięcia. Materiały: M63 (a,c), PA2 (b).

ścinania. Rysunek 8.6c, stanowiący elektronomikroskopowy obraz strefy pękania, dowodzi natomiast, że pękanie to występuje istotnie wzdłuż granicy strefy lokalizacji odkształceń, to jest w miejscu największych gradientów odkształcenia. Jak wynika bowiem z tego rysunku, po lewej stronie pękania – odpowiadającej strefie lokalizacji, obserwuje się ślady drastycznego odkształcenia plastycznego; gdy tymczasem po prawej stronie (w niewielkiej odległości od pęknięcia) nie widać żadnych, istotnych śladów odkształcenia plastycznego.

Podsumowując, można stwierdzić, iż uzyskano bezpośredni dowód na możliwość adaptacji modelu przecinania plastycznego według Dzidowskiego, do opisu i analizy pękania przy skrawaniu. Ponadto, można powiedzieć, że następny pełny cykl ścinania skrawającego rozpoczyna się dopiero po ewidentnym zakończeniu poprzedniego cyklu, który w tym przypadku kończy się rozwojem pękania wzdłuż strefy lokalizacji odkształceń, rozwiniętej w poprzednim cyklu.

Dlatego też, kolejnym etapem analiz będzie próba odpowiedzi na pytanie o rzeczywistą przyczynę pękania, za którą Dzidowski uważa obecność izotermicznych, mezoskopowych pasm ścinania – których obecności nie stwierdzono i nie wykorzystano (jak do tej pory) w odniesieniu do skrawania.

### 8.2.4. Analiza wyników badań elektronomikroskopowych, dotyczących synergizmu mechanizmów lokalizacji odkształceń i pękania

Niniejszy podrozdział poświęcono wyjaśnieniu przyczyn, omówionego wcześniej, pękania po granicach strefy lokalizacji odkształceń.

Na rysunku 8.7 zestawiono wyniki badań elektronomikroskopowych, ilustrujących związek makroskopowej lokalizacji odkształceń (rys. 8.7e) z rozwijającymi się wewnątrz niej mezoskopowymi pasmami ścinania, widocznymi na rys. 8.7a. W opisywanym tu mechanizmie można też wykazać związek pomiędzy kierunkiem rozwoju pasm ścinania i kierunkiem pękania po granicach makroskopowej strefy lokalizacji odkształceń (rys. 8.7c,b). Rysunek 8.7f stanowi natomiast zapowiedź pękania po granicach ziaren, zdefektowanych wskutek ich interakcji z mezoskopowymi pasmami ścinania.

Jak wynika z rysunku 8.7, do pękania po granicach strefy makroskopowej strefy lokalizacji odkształceń dochodzi wskutek synergizmu (współdziałania) mechanizmu lokalizacji i mechanizmu pękania wzdłuż mezoskopowych pasm ścinania. Świadczy o tym quasi-równoległe położenie makroskopowej trajektorii pękania do kierunku rozwoju mezoskopowych pasm ścinania. Można również zauważyć, że intensywny rozwój mezoskopowych pasm ścinania prowadzi do silnego spłaszczenia poszczególnych ziaren, w efekcie czego ich granice zbliżają się do siebie, tworząc warstwy materiału, ułożone poprzeczno-skośnie względem kierunku rozwoju pasm ścinania i związanego z nim kierunku makropęknięcia.

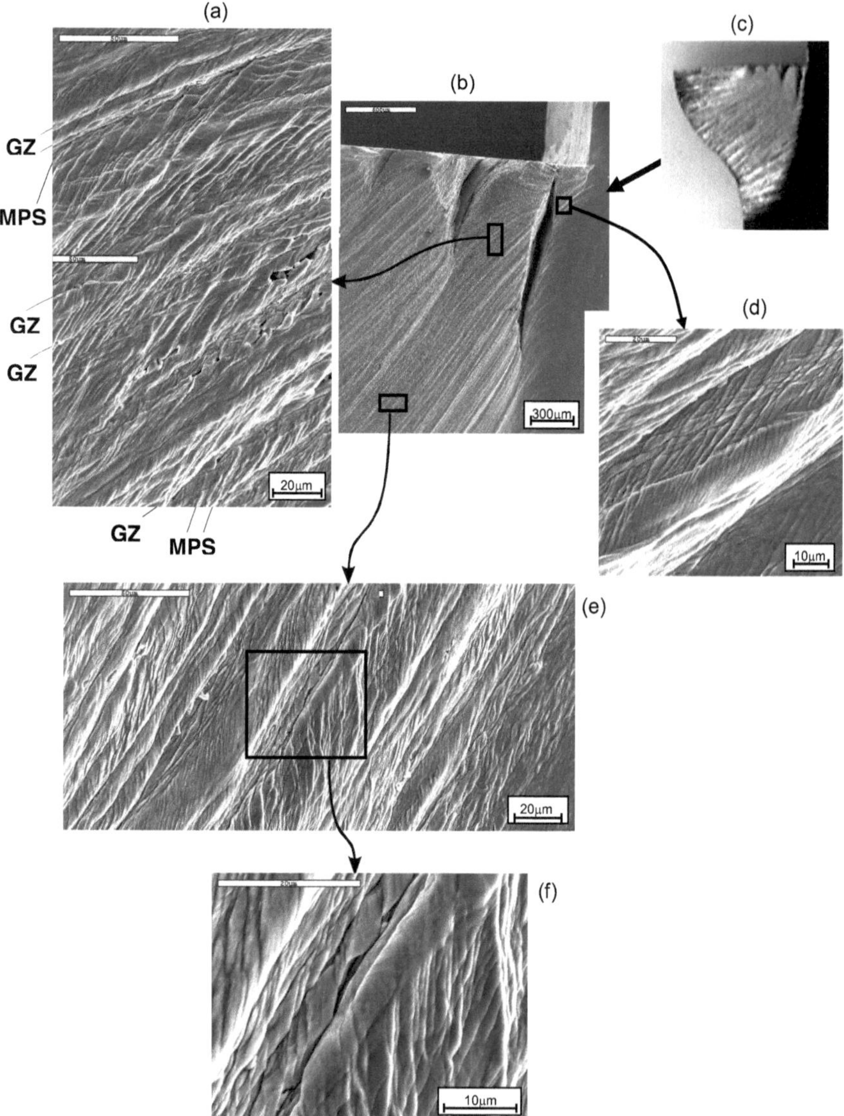


Rys. 8.7. Mechanizm odkształceń i pękania przy skrawaniu: (a-b, d-f) – elektronofotografie SEM; (c) – fotografia makroskopowa ścinanej próbki. Materiał: stal E04; długość odcinania $l_c$ = 3,0 mm; głębokość nadcięcia h = 6,0 mm; kąt natarcia $\alpha$ = 0°; MPS – mezoskopowe pasma ścinania izotermicznego; GZ - granice ziaren.

Na podstawie tych badań stwierdzić można, że przy skrawaniu występuje taki sam mechanizm pękania, jak w przypadku procesu przecinania. Jedyną różnicą jest wielokrotne pękanie przy skrawaniu, wynikające z cykliczności tego procesu (rys. 8.7a,b). Cykliczność ta osłabia dynamikę pękania, przez co, zamiast pełnego rozwoju pojedynczego pęknięcia, pojawiają się następne – tak szybko, jak szybko rozwiną się pasma ścinania, zdolne do generowania pękania w kolejnym cyklu (w kolejnej strefie lokalizacji odkształceń). Ponadto, cykliczność ta łagodzi skutki interakcji pasm ścinania z granicami ziaren (rys. 8.7f), przez co może nie dojść do zupełnego oddzielenia materiału pod koniec pojedynczego cyklu.

Przedstawiony tu mechanizm pękania wskazuje na kluczową rolę tworzenia się i własności pasm ścinania, co opisują też inni autorzy, badający proces skrawania. Mimo, że prace te dotyczą przede wszystkim pasm tworzących się w warunkach adiabatycznych, które występują przy rzeczywistych warunkach skrawania [57, 78, 79], to, jak tu wykazano, lokalizacja odkształceń w pasmach ścinania ma miejsce również w innych warunkach - przy małej prędkości odkształceń, przy której zachodzi wymiana ciepła z otoczeniem. Fakt ten może stanowić przesłankę do opracowania modelu mechanizmu tworzenia się wióra w warunkach nieadiabatycznych (o braku takiego modelu wspomniano w pkt. 1.2.1.2) i do uzupełnienia map mechanizmów odkształceń (przedstawionych w pkt. 1.2.2).

### 8.2.5. Analiza wyników badań elektronomikroskopowych, dotyczących mechanizmu pękania wzdłuż granic ziaren

Na rysunku 8.8 przedstawiono wyniki badań elektronomikroskopowych, ilustrujące możliwość zmiany kierunku pęknięcia makroskopowego – od kierunku zgodnego a założonym kierunkiem ścinania na kierunek pękania znacznie odchylony od niego.

Z rysunku 8.8a wynika, że odchylenie to jest spowodowane zmianą mechanizmu pękania z pękania wzdłuż izotermicznych pasm ścinania (rys. 8.8a, trajektoria nr 1) na pękanie wzdłuż zdefektowanych granic ziaren (rys. 8.8a, trajektoria nr 2). Potwierdzają to też zmiany w budowie fraktografii przełomów, wykonanych w różnych miejscach uzyskanych powierzchni rozdzielenia, które to miejsca określają odpowiednie strzałki, wychodzące z miejsc zaznaczonych na rysunku 8.8b,c. Budowa fraktograficzna analizowanych przełomów jest też inna w części odpowiadającej pękaniu wzdłuż pasm ścinania (rys. 8.8d,f) i inna w części odpowiadającej pękaniu wzdłuż granic spłaszczonych ziaren (rys. 8.8e,g). Fraktografie przełomów widocznych na rysunkach 8.8d,f świadczą o przewadze ścinania, gdy tymczasem pozostałe fraktografie (rys. 8.8e,g) sugerują znaczny udział naprężeń rozciągających. Oznacza to zmianę sposobu pękania z pękania wskutek ścinania (wg sposobu II) na pękanie wskutek ścinania z dominacją rozciągania (sposób I+II).

W ten sposób uzyskano potwierdzenie założeń modelu Dzidowskiego co do potencjalnej zmiany kierunku i mechanizmu pękania przy ścinaniu.

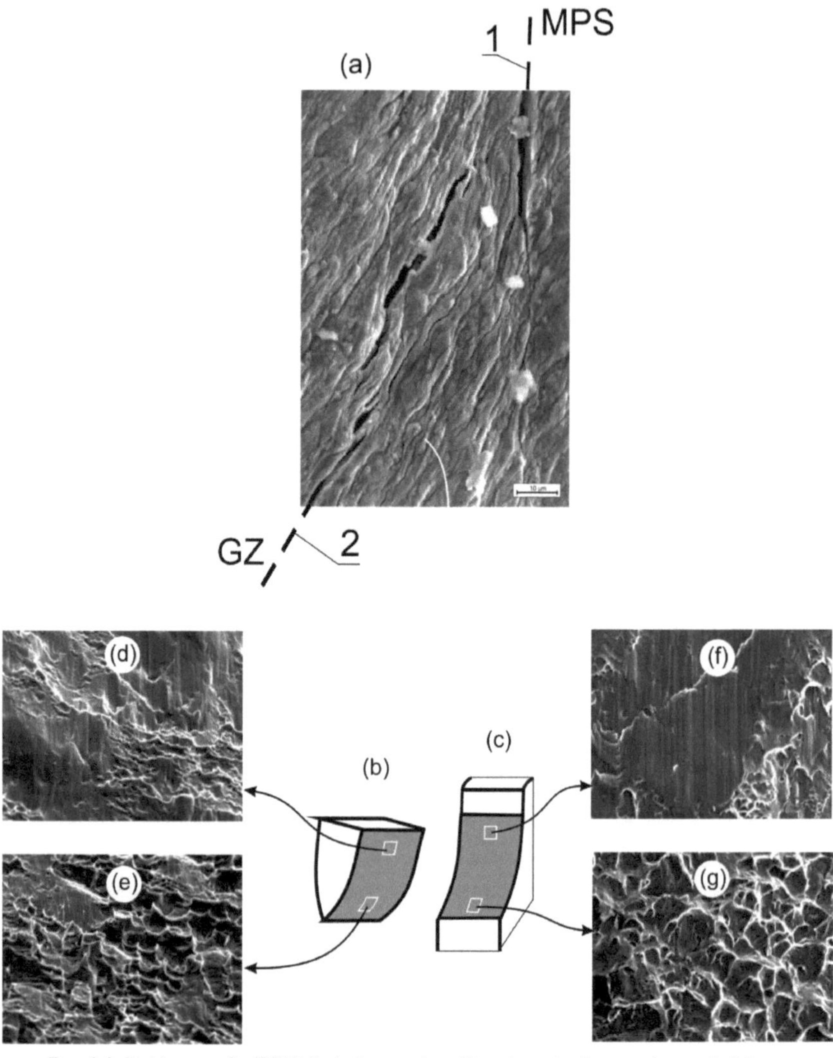


Rys. 8.8. Elektronografie (SEM) ilustrujące zmianę kierunku pękania przy skrawaniu (a) oraz schematy wskazujące miejsca badań fraktograficznych (b, c) i uzyskane z tych miejsc fraktografie przełomów (d-g): 1 - czoło trajektorii pękania wzdłuż mezoskopowych pasm ścinania izotermicznego; 2 - trajektorie pękania wzdłuż granic ziaren, zdefektowanych wskutek ich interakcji z mezoskopowymi pasmami ścinania izotermicznego. Materiał: BA8, kąt natarcia $\alpha = 0^0$, długość odcinanej części materiału $l_c$ = 1mm.

### 8.2.6. Podsumowanie

W podsumowaniu rozdziału 8.2, poświęconego badaniom związanym z dowodzeniem analogii procesów bazujących na ścinaniu z jednym i dwoma aktywnymi koncentratorami naprężeń, można stwierdzić, że mechanizmy lokalizacji odkształceń i mechanizmy pękania są identyczne w skali mezoskopowej. Jedyne różnice, jakie tu można stwierdzić, odnoszą się do makroskopowego przebiegu procesu i wynikają z cykliczności procesu skrawania.

Oznacza to, ze w przypadku analizy procesu skrawania należy całą uwagę skoncentrować na analizie pojedynczego cyklu ścinania, a szczególnie tego, który kończy się zupełnym oddzieleniem pojedynczego fragmentu materiału. Dopiero w dalszej kolejności można szukać odpowiedzi na pytanie, dlaczego materiał skrawany pęka niezupełnie lub nie pęka wcale. Odpowiedź na tak postawione pytanie jest niezwykle prosta, jeżeli weźmie się pod uwagę przedstawione wyżej dowody, potwierdzające podobieństwo mechanizmów przy ścinaniu z jednym i dwoma aktywnymi koncentratorami naprężeń. Na podstawie tych dowodów można bowiem stwierdzić, że zachowanie się materiału, zarówno przy ścinaniu z jednym, jak i dwoma aktywnymi koncentratorami naprężeń zależy przede wszystkim od własności podstruktury w obrębie mezoskopowych pasm ścinania.

W celu uproszczonego wyjaśnienia tej zależności opracowano model, który zostanie omówiony w rozdziale 9. Następnie, w rozdziałach 10 i 11 omówione zostaną doświadczalne weryfikacje różnych możliwości interpretacyjnych tego modelu.

# 9
# Propozycja mezoskopowego modelu tłumaczącego synergizm mechanizmów lokalizacji odkształceń i pękania materiałów podczas skrawania

Dzięki wynikom badań własnych omówionych w rozdziale 8, możliwe stało się opracowanie modelu mechanizmu skrawania, uwzględniającego mezoskopowe aspekty lokalizacji odkształceń i pękania ścinanego materiału. Model ten omówiono bliżej w podrozdziale 9.1, a jego szersze możliwości interpretacyjne w podrozdziale 9.2.

## 9.1. Model procesu skrawania

Na rysunku 9.1 przedstawiono dwuczęściowy model pojedynczego (pierwszego) cyklu skrawania. Model ten wyjaśnia relacje pomiędzy kształtem i kierunkiem rozwoju trajektorii pękania oraz determinującym ten kształt zarysem strefy makroskopowej lokalizacji odkształceń (rys. 9.1a). Przede wszystkim zaś, tłumaczy synergizm lokalizacji odkształceń i pękania wzdłuż mezoskopowych pasm ścinania (MPS). Przewiduje ponadto ewentualne skutki interakcji pasm ścinania (MPS) z granicami ziaren (GZ) – prowadzące do zmiany sposobu i kierunku rozwoju pękania.

Jak wynika z tego modelu, przyczyną pękania jest obecność mezoskopowych pasm ścinania. Pojawienie się tych pasm prowadzi tu do rozwoju makroskopowej strefy lokalizacji (MSL), a następnie do pękania wzdłuż pasm ścinania usytuowanych w miejscu największych gradientów odkształcenia plastycznego, to jest na granicy MSL – stanowiącej przedłużenie założonego kierunku ścinania. Kierunek tak rozumianego pękania może być zachowany lub ulec zmianie w końcowej fazie swego rozwoju (rys. 9.1). Zależy to od skłonności do rozwarstwiania się materiału wzdłuż warstw utworzonych przez granice spłaszczonych i obróconych ziaren, atakowanych przez izotermiczne pasma ścinania (rys. 9.1b). Oznacza to, że skutki rozwoju lokalizacji odkształceń w mezoskopowych pasmach ścinania zależą głównie od własności podstruktury tych pasm, a szczególnie od własności jej podgranic (jak to wykazał wcześniej Dzidowski dla przypadku przecinania).

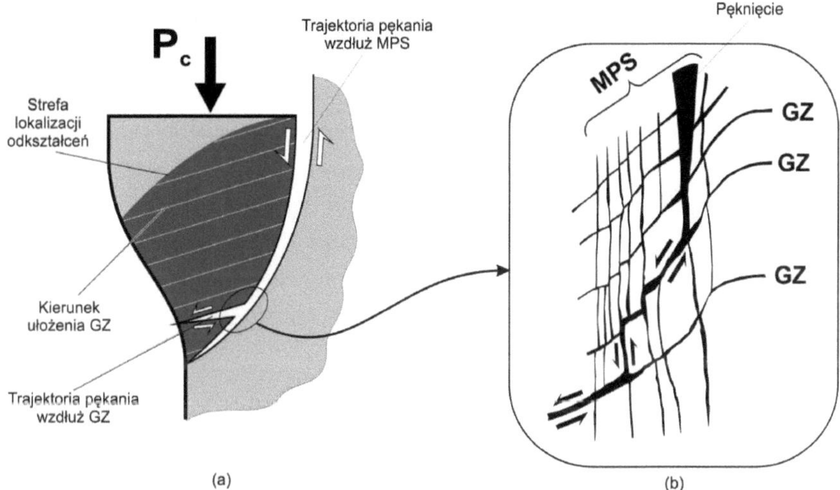


Rys. 9.1. Model mechanizmu dla pojedynczego cyklu procesu skrawania: (a) -model relacji zachodzących pomiędzy kształtem strefy lokalizacji odkształceń i trajektorią pękania; (b) - mezoskopowy model synergizmu lokalizacji odkształceń i pękania wzdłuż mezoskopowych pasm ścinania izotermicznego; Pc - siła; MPS - mezoskopowe pasma ścinania izotermicznego; GZ - granice ziaren.

Widać więc, że zaproponowany tu model nie różni się istotnie – co do natury związków przyczynowo-skutkowych – od modelu Dzidowskiego. Stanowi jedynie modyfikację tego modelu pod kątem liczby aktywnych koncentratorów naprężeń i wynikających z tego wspominanych już skutków makroskopowych (zmiana kierunku rozwoju oraz wyjście strefy lokalizacji odkształceń na powierzchnię swobodną, równoległą do założonego kierunku ścinania).

Z punktu widzenia procesów bazujących na ścinaniu z jednym koncentratorem naprężeń jest to jednak istotna modyfikacja. Po pierwsze, umożliwia ona zmianę dotychczasowej filozofii modelowania procesów tego typu. Po drugie, stwarza możliwości przewidywania różnych typów wióra na podstawie tylko jednego modelu, co do tej pory było niemożliwe (patrz: rozdział 1.2). Po trzecie, modyfikacja ta - podobnie jak model Dzidowskiego - generuje zupełnie nowe kryteria sterowania procesem ścinania. Znane są tu bowiem rzeczywiste przyczyny lokalizacji odkształceń i pękania, które można sprowadzić do przebiegu i skutków jednego zjawiska, jakim jest lokalizacja odkształceń w mezoskopowych, izotermicznych pasmach ścinania. Warto w tym miejscu nadmienić, że pasma te, za wyjątkiem adiabatycznych pasm ścinania, nie były uwzględniane w dotychczasowych modelach skrawania (co omówiono szerzej w rozdziałach 1.2.3 i 1.2.4).

## 9.2. Możliwości opracowanego modelu w zakresie interpretacji mechanizmu tworzenia się różnych typów wióra

Na rysunku 9.2 przedstawiono warianty omówionego wyżej modelu skrawania, rozumiane jako dostosowanie tego modelu pod kątem możliwości tłumaczenia mechanizmu tworzenia się najbardziej charakterystycznych typów wióra.

Jak wynika z rysunku 9.2, cała interpretacja możliwości tworzenia się różnych typów wióra: elementowego, segmentowego i ciągłego, została tu sprowadzona do zachowania się materiału w obrębie pojedynczego, izotermicznego pasma ścinania. Zachowanie to należy rozumieć w kategoriach całkowitej, częściowej lub żadnej skłonności materiału do pękania wzdłuż tych pasm (patrz: rozdział 1.3).

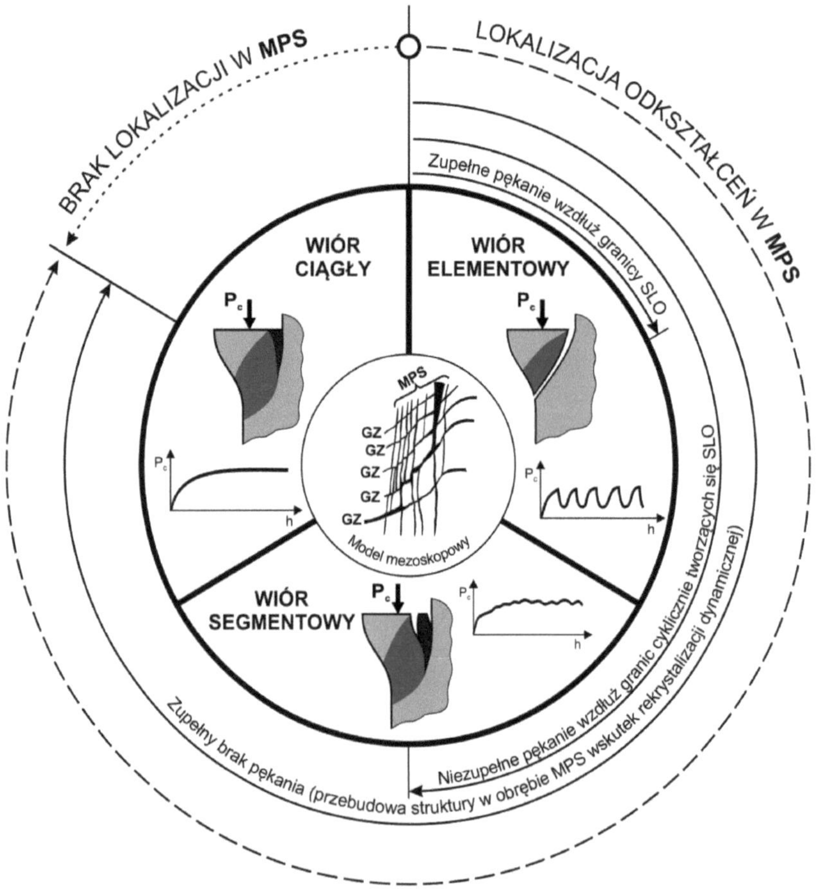


Rys. 9.2. Interpretacyjne możliwości modelu procesu skrawania.
SLO - strefa lokalizacji odkształceń, MPS - mezoskopowe pasma ścinania izotermicznego.

Interpretacyjne możliwości modelu procesu skrawania, według przedstawionego modelu, należy rozumieć następująco:

1. Jeżeli materiał przejawia wyraźną skłonność do pękania wzdłuż mezoskopowych, izotermicznych pasm ścinania, to pojedynczy cykl procesu kończy się oddzieleniem wióra elementowego (rys. 9.2).
2. Jeżeli materiał wykazuje mniejszą skłonność do pękania wzdłuż tych pasm lub dochodzi do osłabienia dynamiki rozwoju pękania, materiał ulega pękaniu jedynie na początku cyklu tworzenia się wióra. Nie dochodzi jednak do zupełnego oddzielenia materiału, ponieważ zanim mogło by to nastąpić, rozpoczyna się kolejny cykl ścinania – co ułatwia odchylenie poprzedniej strefy lokalizacji odkształceń od założonego kierunku ścinania. W ten sposób powstaje wiór segmentowy, zbudowany z segmentów, oddzielonych od siebie krótkimi pęknięciami po ustawicznie tworzących się strefach lokalizacji odkształceń (rys. 9.2).
3. Jeżeli w obrębie pasma ścinania materiał straci zupełnie zdolność do pękania (na przykład wskutek rekrystalizacji dynamicznej – patrz rysunek 8.1), to utworzy się wiór ciągły, o wyraźnie zatartych granicach pomiędzy pojedynczymi cyklami ścinania (patrz: rys. 8.1 i tab. 8.2). Rekrystalizacja dynamiczna prowadzi bowiem do istotnej przebudowy struktury w obrębie pasm ścinania i otworzenia pierwotnych własności plastycznych ścinanego materiału. Inną możliwością utworzenia się wióra ciągłego jest też brak zjawiska tworzenia się w podstrukturze materiału pasm ścinania, a może się tak stać z powodu niewystarczającego odkształcenia plastycznego. Zabraknie wówczas czynnika sprawczego zarówno dla pękania, jak i rekrystalizacji dynamicznej. Taki przypadek może mieć miejsce np. przy ścinaniu z bardzo dużym kątem natarcia (35°, 45°), kiedy materiał odkształca się w mniejszym stopniu. Nie dochodzi wówczas do pełnej ewolucji struktury dyslokacyjnej i nie są osiągane warunki do tworzenia się pasm ścinania. Ten ostatni przypadek zaznaczono strzałką skierowaną w lewo od punktu wyjścia (rys. 9.2).

Przedstawiony model wskazuje więc, że poprzez odwołanie się do obecności i własności izotermicznych pasm ścinania, można nie tylko wytłumaczyć mechanizm tworzenia się różnych typów wióra, ale również wygenerować nowe kryteria oceny skrawalności materiałów i sterowania procesem skrawania. Oznacza to możliwość stworzenia sposobów poprawy skrawalności, szczególnie dla materiałów jednofazowych.

Warto w tym miejscu nadmienić, że dzięki opracowanemu modelowi tracą na znaczeniu powszechnie stosowane modele skrawania, bazujące na pojęciu umownej płaszczyzny i umownego kąta ścinania. Nie dają one bowiem tak pełnych możliwości, jak zaproponowany tu model, a ponadto fałszują rzeczywisty mechanizm skrawania.

Wybrane przykłady badań, potwierdzających omówiona wyżej możliwość przewidywania typu wióra przedstawiono na rysunkach 9.3, 9.4 i 9.5.

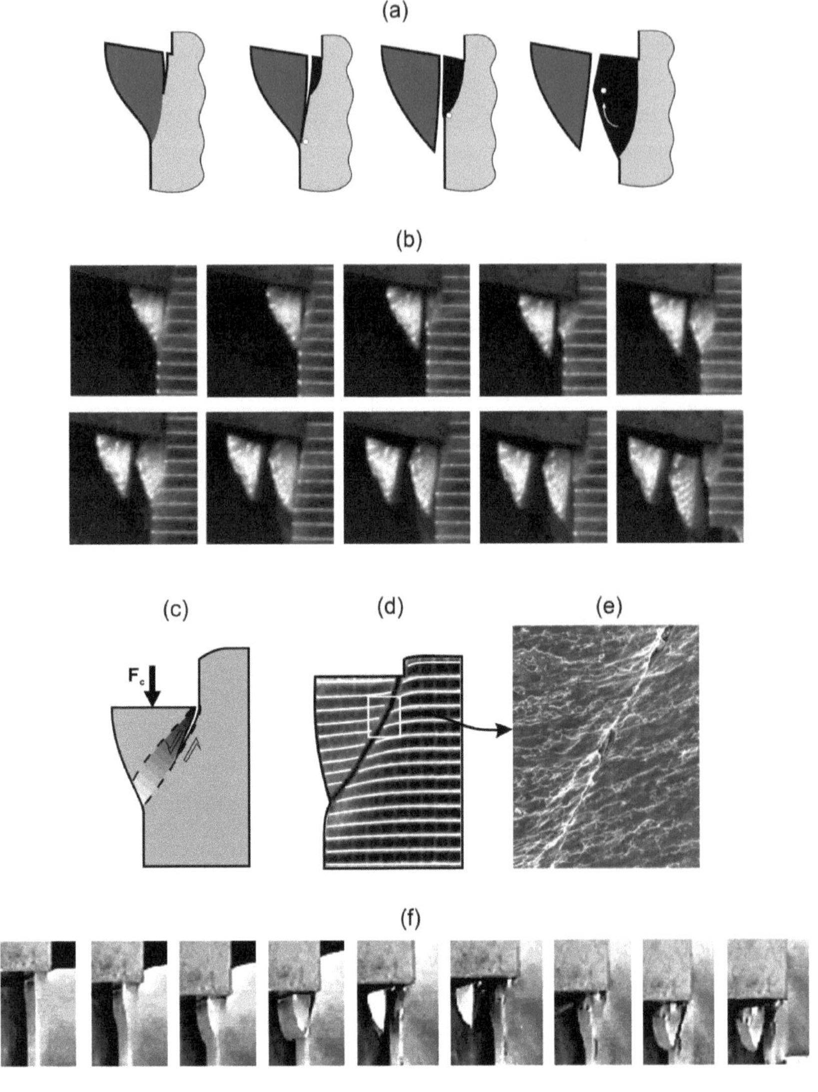


Rys. 9.3. Weryfikacja mezoskopowego modelu skrawania w zakresie interpretacji tworzenia się wióra elementowego; (a) - schemat tworzenia się wióra elementowego, uwzględniający cykliczne tworzenie się nowych stref lokalizacji odkształceń, wskutek rozproszonego rozwoju izotermicznych pasm ścinania; (b) - zdjęcia poklatkowe, ilustrujące przebieg ścinania PA2; (c) - schemat tworzenia się wióra elementowego wskutek skupionego rozwoju izotermicznych pasm ścinania w BA8; (d) - makroskopowy obraz wióra elementowego; (e) - elektronografia SEM, ilustrująca skupiony rozwój mezoskopowych pasm ścinania izotermicznego; (f) - zdjęcia poklatkowe, ilustrujące tworzenie się wióra elementowego podczas ścinania BA8.

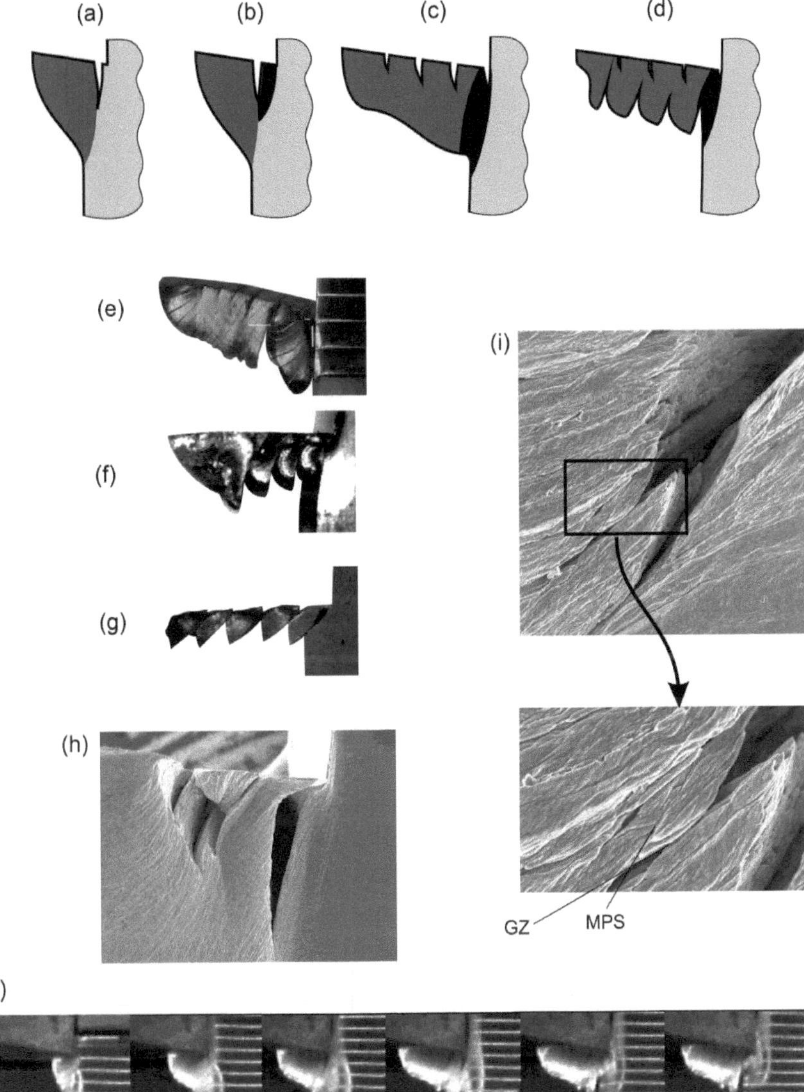


Rys. 9.4. Weryfikacja mezoskopowego modelu skrawania w zakresie interpretacji tworzenia się wióra segmentowego: (a-d) - schemat tworzenia się wióra; (e, f) - przykłady wióra segmentowego (materiał: M63); (g) - wiór segmentowo-elementowy z luźno powiązanymi segmentami (materiał: BA8 po zgniocie e = 60%); (h) - pęknięcie przebiegające po granicy strefy lokalizacji odkształceń oraz niezupełne pęknięcia, widoczne w utworzonym wiórze; (i) - pękanie po granicach spłaszczonych ziaren wskutek interakcji pasm ścinania z tymi granicami (materiał E04); (j) - zdjęcia poklatkowe, obrazujące powstawanie wióra.

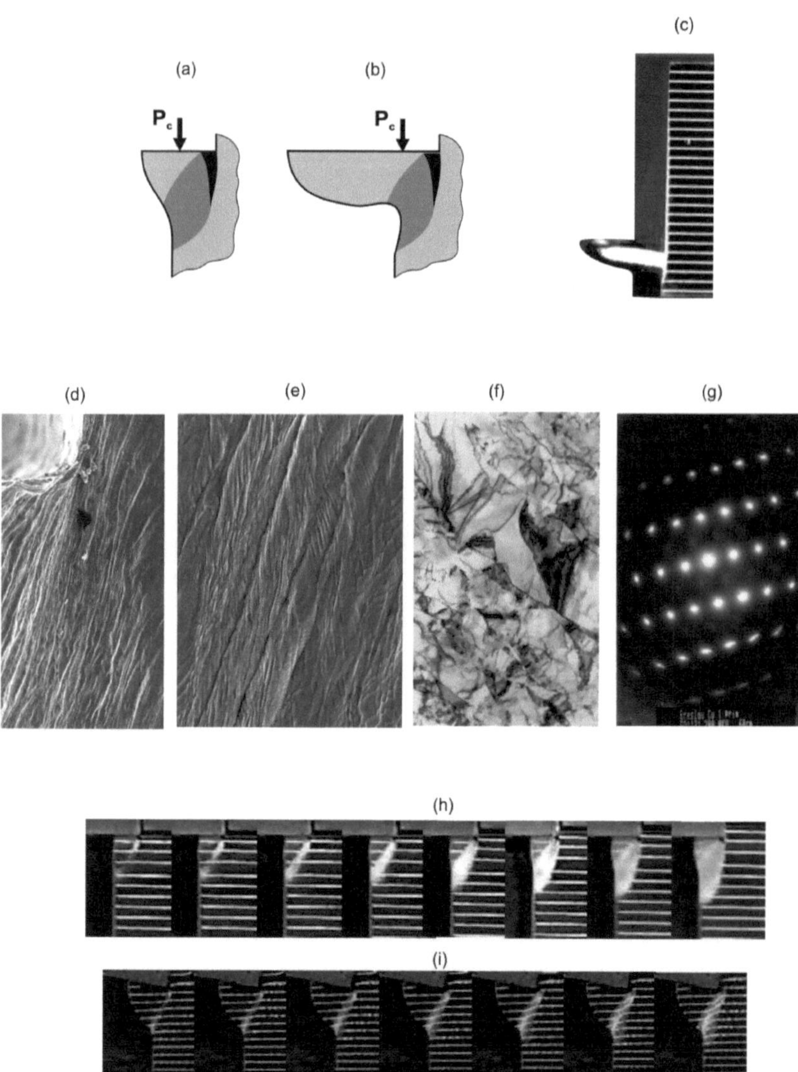


Rys. 9.5. Weryfikacja mezoskopowego modelu skrawania w zakresie interpretacji tworzenia się wióra ciągłego: (a, b) - schemat przebiegu tworzenia się wióra, (c) - makroskopowe zdjęcie próbki, (d, e) - fotografie ujawniające mezoskopowe pasma ścinania izotermicznego (SEM), (f) obszar zrekrystalizowanej struktury w obrębie strefy ścinania (TEM, pow. x15000), (g) dyfraktogram z miejsca w strefie ścinania, wskazujący na uporządkowane ułożenie atomów po rekrystalizacji dynamicznej ziaren, (h) - zdjęcia poklatkowe, ilustrujące tworzenie się strefy lokalizacji odkształceń w początkowym etapie procesu ścinania oraz w jego fazie ustalonej (i). Materiał: Cu (M1E).

Rysunek 9.3 ilustruje związek pomiędzy zlokalizowanym rozwojem mezoskopowych pasm ścinania izotermicznego (rys. 9.3 c, d, e) i makroskopowym mechanizmem rozwoju wióra elementowego (rys. 9.3 a, b, f). Jak wynika z tego rysunku, kolejne wióry elementowe tworzą się po zakończeniu pełnego cyklu ścinania, to jest po utworzeniu się makroskopowej strefy lokalizacji odkształceń i oddzieleniu elementu wskutek pękania po granicach tej strefy. Potwierdza to mezoskopowy rodowód mechanizmu tworzenia się wióra elementowego, sugerowany modelem przedstawionym na rysunku 9.2.

Rysunek 9.4 również potwierdza wspomniany wyżej mezoskopowy rodowód mechanizmu tworzenia się wióra, ale w odniesieniu do różnych postaci wióra segmentowego. Szczegóły tego mechanizmu opisano w podpisie do rys. 9.4.

Rysunek 9.5 dowodzi natomiast (łącznie z rysunkiem 8.1 a, d), że pojawienie się mezoskopowych pasm ścinania izotermicznego nie zawsze prowadzi do pękania. Dzieje się tak, jeżeli pojawianiu się pasm ścinania, widocznych na rysunku 9.5e, towarzyszy rekrystalizacja dynamiczna (rys. 9.5 f, g), co prowadzi do tworzenia się wióra ciągłego.

Różną skłonność do pękania wzdłuż pasm ścinania potwierdzają też zdjęcia z mikroskopu TEM (rys. 9.6). Jak wynika z rysunku 9.6, wyraźniejszym i dłuższym granicom substruktury w obrębie pasm ścinania, jakie są widoczne dla brązu, odpowiada większa skłonność do pękania wzdłuż tych pasm.

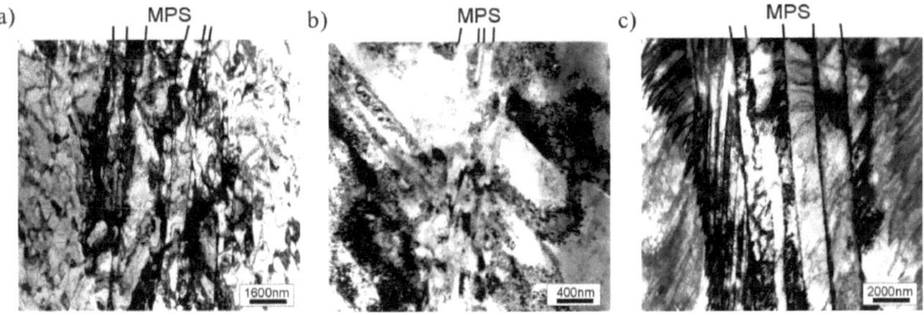


Rys. 9.6. Elektronografie TEM obrazujące strukturę w obrębie mezoskopowych pasm ścinania (MPS) powstających w miedzi (a), mosiądzu M63 (b) oraz brązu BA8 (c). Widoczne różnice substruktury pasm ścinania, świadczące o wzroście skłonności do pękania wraz z obniżeniem energii błędu ułożenia.

Przedstawione wyniki świadczą o tym, że proponowany tu mezoskopowy model skrawania znalazł pełne potwierdzenie eksperymentalne jako model tłumaczący mechanizm i przewidujący różne typy wióra [129, 130]. Warto przy tym podkreślić, że wszystkie te możliwości wynikają z uwzględnienia jednego faktu, jakim jest rozwój i pękanie materiału wzdłuż izotermicznych pasm ścinania - w połączeniu z cyklicznością procesu skrawania.

Dalsze interpretacyjne możliwości proponowanego modelu, w zakresie oceny i przewidywania skrawalności materiałów, przedstawiono w rozdziale 10.

# 10
# Przykłady zastosowania opracowanego modelu skrawania dla wyjaśnienia znaczenia znanych kryteriów skrawalności materiałów oraz kreowania nowych

Panuje powszechne przekonanie, że skrawalność materiałów jest najlepsza w przypadku materiałów pękających krucho. Praktycznie rzecz biorąc, stawianie takiego wymogu wszystkim materiałom jest niemożliwe. Dlatego też, poprawę skrawalności próbuje się osiągać przez spowodowanie tak zwanej kruchości lokalnej, wskutek wprowadzenia do materiału różnego rodzaju cząstek z materiałów, które nie powinny rozpuszczać się w osnowie. Zakłada się przy tym, że obecność takich cząstek nie zmienia w istotny sposób wytrzymałości danego materiału, a jedynie ułatwia jego kruche, lokalne pękanie. Wpływ takich cząstek ilustruje w poglądowy sposób poniższy rysunek 10.1.

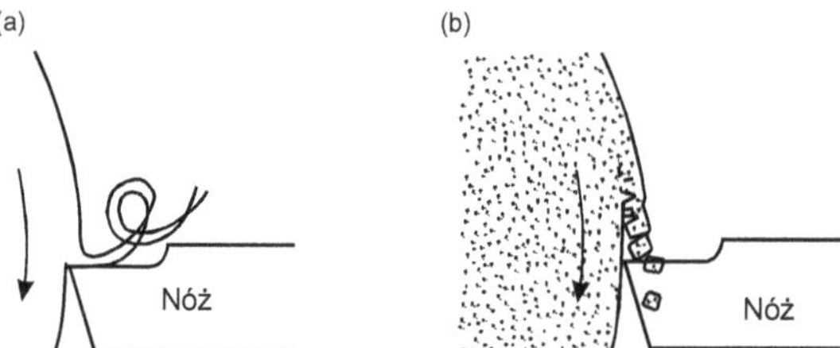


Rys. 10.1. Wpływ cząstek nierozpuszczających się w osnowie na skrawalność materiałów: (a) – zła skrawalność; (b) – bardzo dobra skrawalność.

Zdaniem autora wiązanie skrawalności z kruchością materiałów wyrządza więcej szkody niż pożytku. Nie można bowiem każdego pękania uważać za kruche i pomijać przez to inne możliwości utraty spójności. Utrzymywanie poglądów na temat pękania kruchego w znakomity sposób ogranicza pole działania, ponieważ nie zachęca do poszukiwania innych rozwiązań, co do poprawy skrawalności.

W związku z powyższym, postanowiono przetestować opracowany tu model z punktu widzenia możliwości przewidywania skrawalności materiału, rozumianej najogólniej jako skłonność do pękania, dzięki której może ulec obniżeniu energia odkształcenia plastycznego i/lub zużycie narzędzi.

Pierwszy z tych testów będzie dotyczył polemiki na temat bezkrytycznego nazywania każdego z przypadków pękania pękaniem kruchym. Test ten zostanie przeprowadzony na mosiądzu MO58, uważanym za bardzo dobrze skrawalny, i to między innymi dzięki jego rzekomej kruchości.

Drugi z testów przewiduje sprawdzenie innej możliwości poprawy skrawalności. Będzie on dotyczył możliwości zmiany typu wióra z ciągłego na elementowy z wykorzystaniem kryteriów wywodzących się z opracowanego tu modelu.

Oba testy mają też wykazać, że opracowany tu model skrawania jest w stanie umożliwić nową interpretację skrawalności materiałów, która może być zwiększana według nowych, sugerowanych modelem sposobów.

## 10.1. Nowa interpretacja roli ołowiu, jako czynnika poprawiającego skrawalność materiałów

Zasadniczym celem tego podrozdziału jest wykazanie, że mosiądz MO58, uważany za pękający krucho podczas skrawania, nie pęka w ten sposób, lecz pęka plastycznie, i to wzdłuż mezoskopowych pasm ścinania. Wyniki badań potwierdzające to stwierdzenie, zamieszczono na rysunku 10.2.

Jak wynika z rysunku 10.2a,b, ilustrującego zachowanie się mosiądzu MO58 podczas skrawania, rzeczywiście można odnieść wrażenie, że materiał ten pęka krucho. Nie widać bowiem zbyt wyraźnych oznak makroskopowego odkształcenia plastycznego. Innymi słowy, brak tu wyraźnie szerokiej strefy lokalizacji odkształceń, dzięki której tworzy się typowa wypukłość, stanowiąca zaczątek tworzenia się typowego wióra.

Jak wynika z rysunku 10.2c, istotnie strefa taka nie może wystąpić, ponieważ całe ścinanie i towarzyszące mu pękanie zachodzi w bardzo wąskim paśmie materiału. Nie jest to jednak pękanie kruche, o czym świadczy zarówno obecność mezoskopowych pasm ścinania (rys. 10.2d), jak i fraktografie przełomów pokazane na rysunku 10.2 i wcześniejszym rysunku 8.2. Fraktografie te świadczą niezbicie, że występujący w mosiądzu przełom jest przełomem powstałym wskutek pękania poślizgowego (plastycznego). Fakt znikomo małych odkształceń makroskopowych, sugerujących pękanie kruche, można wyjaśnić sposobem i dynamiką rozwoju mezoskopowych pasm ścinania. Rozwój tych pasm jest intensyfikowany nie tylko przez kruchą fazę $\beta'$, ale również przez miękkie wydzielenia nierozpuszczającego się w mosiądzu ołowiu. Poświadczają to wyniki badań elektronomikroskopowych rentgenograficznych, widoczne na rysunkach 10.2 e-h.

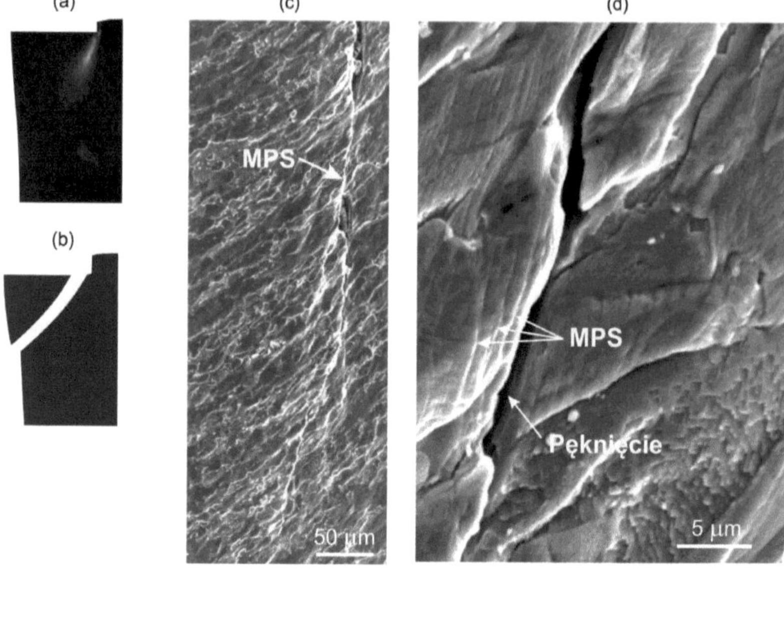


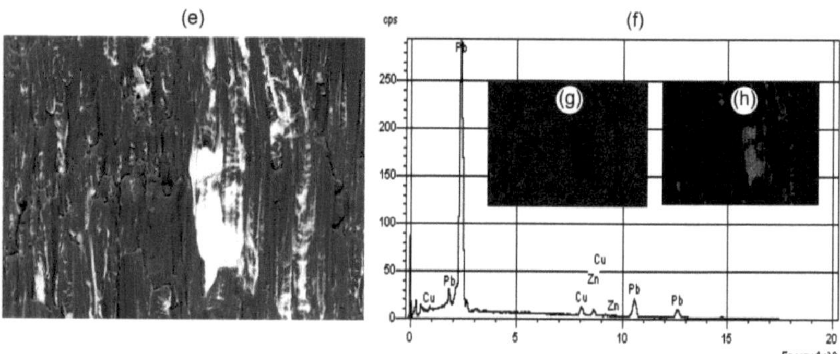


Rys. 10.2. Mechanizm pękania mosiądzu MO58 przy skrawaniu: (a) - ogólny widok próbki w początkowym stadium ścinania; (b) - próbka w końcowym stadium ścinania (widoczne oddzielenie materiału wskutek pękania, typowego dla tworzenia się wióra elementowego); (c) - elektronografia SEM strefy ścinania (widoczne jedno wąskie pasmo ścinania, przechodzące przez wiele ziaren); (d) - elektronografia SEM powiększonego fragmentu z rys. c (widoczny ewidentny związek kierunku rozwoju pękania z kierunkiem rozwoju mezoskopowych pasm ścinania MPS; (e) - fraktografia przełomu (widoczne jasne obszary, wydłużone w kierunku ścinania - świadczące o obecności i rozmazywaniu się ołowiu); (f) - wyniki badań analizy rentgenowskiej; (g) - mapa rozkładu Cu; (h) - mapa rozkładu Pb. Uwaga: rys.( f,g,h) dotyczą analiz z powierzchni przełomu pokazanej na rys. (e).

Rysunek 10.2 potwierdza rolę ołowiu jako czynnika intensyfikującego rozwój pasma ścinania i ułatwiającego rozwarstwienie materiału wzdłuż tego pasma. Świadczą o tym obszary ołowiu, znacznie większe od typowego wymiaru jego nieodkształconej cząstki. Cząstki te, nie dość, że stawiają mały opór, to w dodatku sprzyjają utracie spójności wzdłuż pasma ścinania.

Znaczenie obecności i wymiarów dyspersyjnych cząstek w materiale skrawanym potwierdzono też w innych pracach nad mechanizmem skrawania, jak np. w pracy [163].

Reasumując należy stwierdzić, że opracowany tu mezoskopowy model skrawania okazał się przydatny do nowej interpretacji powszechnie znanych faktów, co do skrawalności mosiądzów. Wykazano bowiem, że pojęcie skrawalności (nie wiązane do tej pory z pasmami ścinania) można powiązać z obecnością i sposobem rozwoju mezoskopowych pasm ścinania, stanowiących istotę opracowanego modelu.

## 10.2. Wykazanie znaczenia energii błędu ułożenia, jako nowego kryterium oceny i poprawy skrawalności materiałów

Zasadniczym celem niniejszego podrozdziału jest wykazanie, że odwołanie się do istoty opracowanego tu modelu może generować kryteria skrawalności, umożliwiające jej poprawę poprzez oddziaływanie na sposób ewolucji struktury dyslokacyjnej i kończący ją rozwój pasm ścinania.

Możliwość taka jest szczególnie ważna w odniesieniu do czystych metali i stopów jednofazowych, to jest materiałów pozbawionych możliwości zarodkowania pustek wokół wtrąceń i wydzieleń.

Z przytoczonych wcześniej badań wynika, że materiałem pozbawionym skłonności do pękania podczas przecinania i skrawania jest miedź M1E (patrz rys. 8.1). Jak stwierdzono (rys. 8.1d), dzieje się tak za sprawą rekrystalizacji dynamicznej.

W związku z powyższym, postanowiono wykazać, że ograniczanie zdolności miedzi do rekrystalizacji dynamicznej może stanowić sposób na zmianę typu wióra z ciągłego na inny. Wykorzystywana tu mezoskopowa koncepcja ścinania sugeruje energię błędu ułożenia (EBU), jako kryterium sterowania typem wióra, poprzez zmianę skłonności do pękania wzdłuż izotermicznych pasm ścinania. Zwiększenie tej skłonności wydaje się być możliwe poprzez obniżenie energii błędu ułożenia miedzi. Jak wynika z danych literaturowych [164, 165], dodanie do niej niewielkiej ilości aluminium lub cynku obniża energię błędu ułożenia fazy $\alpha$. Obniżenie energii błędu ułożenia w stopach miedzi oznacza praktycznie ograniczenie poślizgu poprzecznego oraz tworzenie się płaskich układów dyslokacji [162, 166 ÷ 168]. Zagadnieniu określania EBU w różnych materiałach poświęcone są m. in. prace [170 ÷ 172].

Wychodząc z powyższych założeń, przeprowadzono odpowiednie badania, polegające na skrawaniu takich materiałów, jak: miedź, mosiądz M63 i brąz BA8. Długości odcinanych części materiału przyjmowano tak, aby były one takie same przy ścinaniu miedzi i przeciwstawianego jej stopu. W przypadku pary Cu-M63 długość ta wynosiła 3,0 mm, a w przypadku pary Cu-BA8 – 1,0 mm. Różnice te wynikały z możliwości wykonania próbek z dostępnych materiałów i nie powodowały zmian w istocie procesu.

Uzyskane wyniki badań opracowano w postaci wykresów zbiorczych, umożliwiających porównanie typu uzyskanego wióra z typem sugerowanym przez dwa różne kryteria. Pierwszym z tych kryteriów była plastyczność materiału, określana przez wydłużenie całkowite ($A_5$, $A_{10}$), a drugim – energia błędu ułożenia (EBU) – patrz rysunki 10.3 i 10.4.

Jak wynika z rysunku 10.3, ścinanie materiałów o takiej samej plastyczności, to jest miedzi M1E i brązu BA8, powinno zaowocować podobnym typem wióra. Tak jednak nie jest. W przypadku brązu BA8 pojawił się wiór elementowy (rys. 10.3b), świadczący o wybitnej skłonności tego materiału do pękania.

Z rysunku 10.4 wynika natomiast, że większą skłonność do pękania powinien wykazać materiał mniej plastyczny, to jest miedź M1E, a nie mosiądz M63. I w tym przypadku wynik badań był odwrotny. Większą skłonność do pękania wykazał mosiądz M63, przy ścinaniu którego utworzył się wiór elementowy - z pękaniem nie powodującym oddzielania poszczególnych elementów (rys. 10.4b). Można więc stwierdzić, że kryterium Astakhova (patrz tab. 1.1) nie znalazło praktycznego potwierdzenia, chociaż wydawało się poprawne z intuicyjnego punktu widzenia.

Jeżeli natomiast skonfrontujemy uzyskane wyniki badań z sugerowanym tu kryterium w postaci energii błędu ułożenia, to okaże się, że wiór elementowy (rys. 10.3b – brąz BA8) odpowiada niższej wartości tej energii, a wiór segmentowy – wyższej (rys. 10.4b – mosiądz M63). Najwyższa zaś wartość energii błędu ułożenia może być skojarzona z wiórem ciągłym (rys. 10.3a i 10.4a – M1E).

Wobec powyższego stwierdzić można, że sugestia co do energii błędu ułożenia, jako kryterium przewidywania typu wióra i skrawalności materiału – okazała się trafna: zmniejszanie energii błędu ułożenia powoduje zmianę typu wióra z ciągłego na segmentowy lub elementowy [131]. Wynik taki, potwierdza trafność przyjętej tu koncepcji modelowania, koncentrującej uwagę na mechanizmie pękania i wynikających z niego możliwościach sterowania przechodzeniem od niepękania do pękania i odwrotnie. W praktyce oznacza to możliwość osiągania założonego typu wióra. Sens kryterium, w postaci energii błędu ułożenia, znalazł uzasadnienie nie tylko w przypadku omówionych wyżej stopów miedzi z aluminium i cynkiem, ale również w przypadku innych, badanych tu materiałów. Potwierdza to pełne możliwości opracowanego modelu, w zakresie sterowania typem wióra i skrawalnością materiałów.

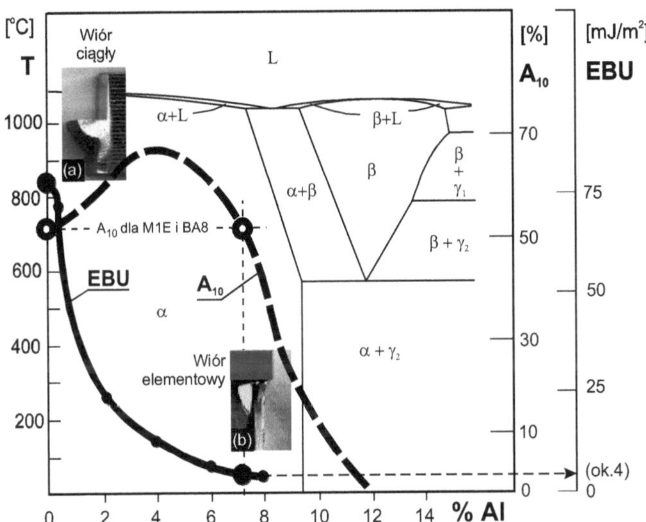


Rys. 10.3. Wykres fazowy stopu *Cu* z *Al* z naniesionym na niego wykresem zmian energii błędu ułożenia (EBU) i wydłużenia $A_5$ w funkcji zawartości aluminium: (a) - miedź *M1E* (przebieg ścinania bez pękania); (b) - brąz *BA8* (przebieg ścinania z pękaniem zupełnym). Widoczna radykalna zmiana skłonności materiału do pękania wzdłuż mezoskopowych pasm ścinania izotermicznego ze wzrostem zawartości *Al*, mimo identycznych własności plastycznych obu materiałów.

Wydłużenie $A_{10}$ – dla materiału po zgniocie 70% na zimno i po wyżarzaniu 650°C/30 min [155, 173]. Wartości EBU zaczerpnięto z literatury [164].

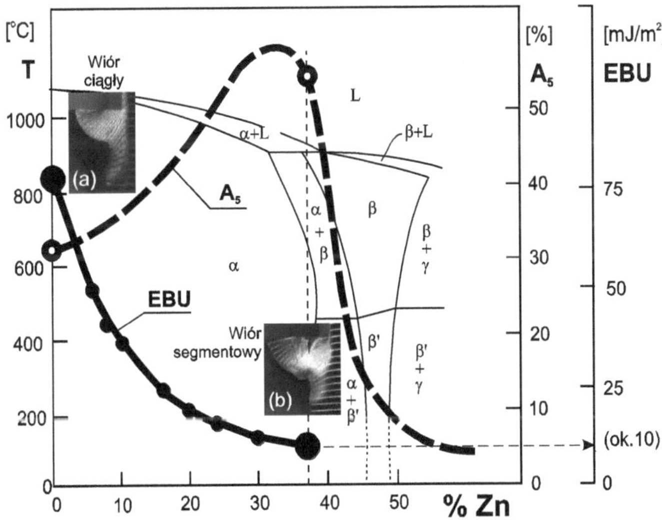


Rys. 10.4. Wykres fazowy stopu miedzi z cynkiem z naniesionym na niego wykresem zmian energii błędu ułożenia (*EBU*) i wydłużenia $A_5$, w funkcji zawartości cynku: (a) - miedź *M1E* (przebieg ścinania bez pękania); (b) – mosiądz *M63* (przebieg ścinania z niepełnym pękaniem). Widoczna zmiana skłonności materiału do pękania wzdłuż mezoskopowych pasm ścinania izotermicznego ze wzrostem zawartości cynku, mimo znacznie lepszych własności plastycznych *M63*.

Wartości *EBU* i wydłużenia $A_5$ zaczerpnięto z literatury [164, 167, 174].

# 11
# Podsumowanie

Wyniki badań własnych w pełni potwierdziły tezy niniejszej dysertacji. Uzyskano bowiem potwierdzenie analogii mechanizmów lokalizacji odkształceń i pękania w procesach ścinania z jednym i z dwoma koncentratorami naprężeń. Oznacza to, że:

a) mezoskopowy mechanizm ścinania jest taki sam przy ścinaniu z dwoma koncentratorami naprężeń – to jest w procesach ścinania nie kończącego się tworzeniem wióra, jak i w procesach ścinania z jednym koncentratorem naprężeń – to jest związanych z tworzeniem się wióra;

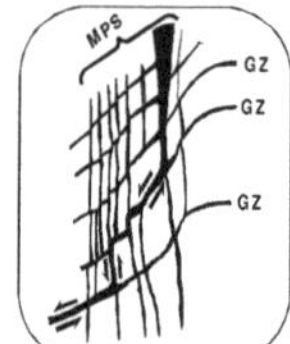


b) obecność wióra przy ścinaniu z jednym koncentratorem naprężeń nie wynika ze stwierdzonego tu mezomechanizmu ścinania, lecz z makroskopowych cech skrawania, które sprawiają, że proces ten powtarza się cyklicznie, przez co odcinany materiał przyjmuje postać wióra. Cykliczność ta wynika z odchylenia kierunku rozwoju makroskopowej strefy lokalizacji odkształceń i kierunku potencjalnego pękania od kierunku działania koncentratora (noża);

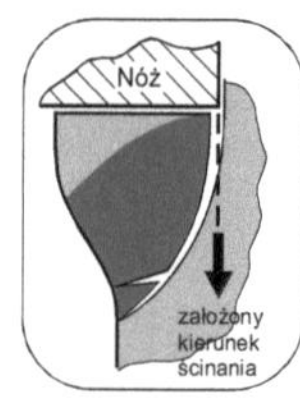


c) typ wióra, tworzącego się podczas skrawania, zależy natomiast wyłącznie od mezomechanizmu tego procesu, a szczególnie od skłonności materiału do pękania wzdłuż izotermicznych pasm ścinania.

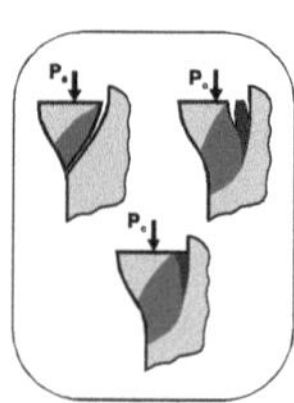

Pełniejsze wyjaśnienie korzyści płynących z wykazanej tu analogii ilustruje rysunek 11.1. Przedstawia on mezoskopowo-makroskopowe modele obu analizowanych tu procesów ścinania oraz interpretuje makroskopowe skutki tych procesów.

Jak wynika z rysunku 11.1, połączenie mezoskopowego mechanizmu lokalizacji odkształceń i pękania wzdłuż izotermicznych pasm ścinania (model mezoskopowy) z cyklicznością procesu skrawania (model makroskopowy) prowadzi do tworzenia się określonego typu wióra (patrz: rys. 11.1).

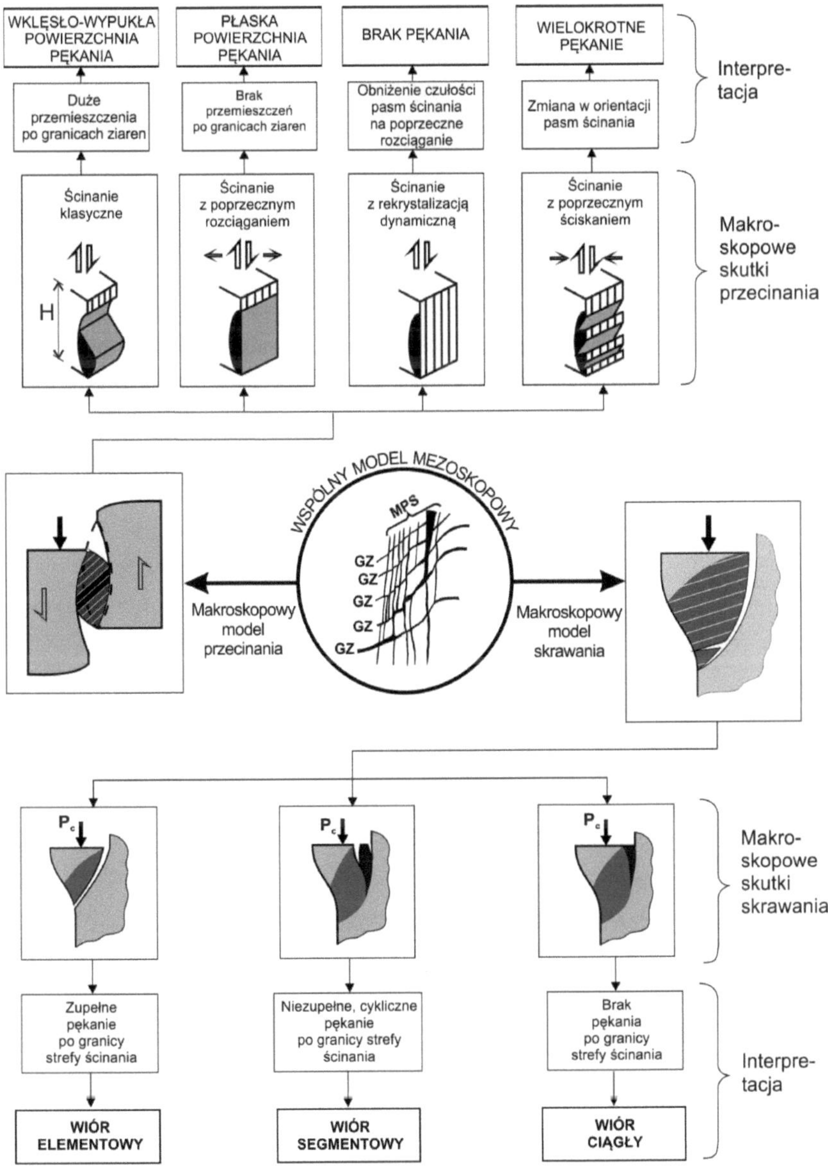


Rys. 11.1. Modele i związana z nimi interpretacja różnic w makroskopowych skutkach ścinania z dwoma i z jednym koncentratorem naprężeń. Występujące tu różnice należy przypisać odmiennej skłonności materiałów do pękania wzdłuż izotermicznych pasm ścinania. Fakt tworzenia się wióra wynika tu jedynie z cykliczności skrawania. Wskazuje to na nadrzędne znaczenie własności i sposobu rozwoju izotermicznych pasm ścinania, niezależnie od liczby aktywnych koncentratorów naprężeń. Oznaczenia: $P_c$ - siła ścinania; *MPS* - mezoskopowe pasma ścinania izotermicznego; *GZ* - granice ziaren.

O ile tworzenie się wióra można tu przypisać cykliczności procesu skrawania, o tyle typ wióra należy tłumaczyć wyłącznie zmianami w skłonności materiału do pękania wzdłuż izotermicznych pasm ścinania. Do cykliczności tej dochodzi wskutek odchylenia kierunku rozwoju strefy lokalizacji odkształceń od założonego kierunku ścinania. Oznacza to, ze zanim się skończy pojedynczy cykl skrawania, może rozpocząć się kolejny cykl - wskutek nadcinania materiału, leżącego poza strefą lokalizacji odkształceń, utworzoną w poprzednim cyklu (patrz rys. 11.1 – makroskopowe skutki skrawania).

Wynika z tego, że skłonność materiału do pękania wzdłuż izotermicznych pasm ścinania determinuje makroskopowe skutki wszystkich procesów bazujących na ścinaniu. Stwierdzenie to dotyczy bardziej występowania lub braku pękania (kształt powierzchni przecięcia, typ wióra), niż tego, czy powstanie wiór – czy nie. Można więc odwoływać się przy tym do tych samych, mezoskopowych związków przyczynowo-skutkowych, niezależnie od liczby aktywnych koncentratorów naprężeń.

Reasumując, można stwierdzić, że uzyskano potwierdzenie uniwersalności i efektywności mezomechanicznej koncepcji Dzidowskiego, dotyczącej fizykalnych aspektów mechanizmu ścinania – to jest koncepcji koncentrującej uwagę na znaczeniu i roli izotermicznych pasm ścinania. Koncepcja ta, po poczynionej tu modyfikacji, uzyskała nowy obszar zastosowań – jakim jest obróbka skrawaniem. Modyfikacja ta stała się możliwa dzięki rezygnacji z modelowania ustalonej fazy procesu skrawania – charakterystycznej dla wióra ciągłego – na rzecz koncentracji uwagi na modelowaniu pojedynczego cyklu procesu ścinania.

Dalsze wnioski szczegółowe, płynące z przeprowadzonych tu badań własnych, przedstawiono w następnym rozdziale.

# 12
# Wnioski

Na podstawie przeprowadzonych badań własnych, dotyczących analizy mechanizmu lokalizacji odkształceń i pękania materiałów przy ścinaniu z jednym koncentratorem naprężeń, można stwierdzić, że postawione tezy dysertacji znalazły pełne potwierdzenie w uzyskanych wynikach badań, omówionych w rozdziałach 8 – 11.

Można przy tym sformułować wnioski, dotyczące poznawczych aspektów badań własnych, kierunków dalszych badań oraz potencjalnych zastosowań uzyskanych wyników:

## 12.1. Wnioski poznawcze

1. Mezoskopowy mechanizm lokalizacji odkształceń i pękania materiałów przy skrawaniu jest taki sam, jak przy ścinaniu z dwoma aktywnymi koncentratorami naprężeń.

   P o  p i e r w s z e, oznacza to, że pękanie jest poprzedzone lokalizacją odkształceń w izotermicznych pasmach ścinania i rozwija się wzdłuż tych pasm.

   P o  d r u g i e, skłonność do pękania zależy od własności i sposobu rozwoju izotermicznych pasm ścinania.

   P o  t r z e c i e, oznacza to, że wszystko, co jest ważne z punktu widzenia skutków tego mechanizmu, rozgrywa się w wierzchołku i na granicy strefy lokalizacji odkształceń, to jest na granicy stanowiącej przedłużenie założonego kierunku ścinania - a nie wzdłuż umownej płaszczyzny ścinania.

2. Podobieństwo mezoskopowych mechanizmów lokalizacji odkształceń i pękania przy izotermicznym skrawaniu i przecinaniu nie oznacza jednak podobieństwa makroskopowych skutków obu tych procesów. Skutki skrawania są bowiem determinowane przez cykliczny charakter tego procesu. Cykliczność ta powoduje, że odcinany materiał przyjmuje kształt wióra.

3. Typ wióra przy skrawaniu izotermicznym zależy od własności izotermicznych pasm ścinania, a głównie od skłonności do pękania materiału wzdłuż tych pasm. Duża

skłonność do pękania sprzyja powstawaniu wióra elementowego, a mniejsza wióra segmentowego.

Brak skłonności do pękania wzdłuż izotermicznych pasm ścinania, lub brak takich pasm oznacza tworzenie się wióra ciągłego. W pierwszym przypadku pękanie jest eliminowane przez rekrystalizację dynamiczną, a w drugim po prostu brakuje potencjalnych miejsc zarodkowania i rozwoju pękania (zbyt małe odkształcenie plastyczne, co może wystąpić przy ścinaniu z dużymi kątami natarcia ($35^0$-$45^0$).

4. Opracowany tu mezoskopowo-makroskopowy model mechanizmu tworzenia się wióra przy skrawaniu określa:
   a) zasady synergizmu mechanizmów lokalizacji odkształceń i pękania wzdłuż izotermicznych pasm ścinania,
   b) umożliwia sterowanie lokalizacją i pękaniem w celu otrzymywania założonego typu wióra, oraz
   c) uwzględnia przy tym zarówno możliwości, jak i ograniczenia płynące z rzeczywistej, to jest krystalicznej budowy metali i ich stopów.
5. Do sterowania procesem skrawania można wykorzystać kryteria Dzidowskiego, to jest uzależnić typ wióra od: obecności, własności i sposobu rozwoju izotermicznych pasm ścinania oraz dodatkowo, od specyfiki procesu skrawania, związanej z jego cyklicznością.

## 12.2. Wnioski co do kierunków dalszych badań

W celu zwiększenia efektywności modelowania procesów bazujących skrawaniu należy:

1. Zrezygnować z modelowania ustalonej fazy procesu, charakterystycznej dla wióra ciągłego. Modele ustalonej fazy procesu nie są bowiem w stanie wygenerować kryteriów pękania, a przez to przewidywać pozostałych typów wióra.
2. Zrezygnować z założenia o stałości odkształceń wzdłuż umownej płaszczyzny ścinania. Założenie to fałszuje bowiem rozumienie rzeczywistego mechanizmu skrawania. Wniosek ten potwierdza, przeprowadzona tu, doświadczalna analiza rozkładu odkształceń wzdłuż tej płaszczyzny.
3. Skoncentrować uwagę na pojedynczym cyklu procesu skrawania, zawierającym wszystkie etapy ewolucji struktury dyslokacyjnej i kończącym się pękaniem wzdłuż izotermicznych pasm ścinania. Tylko wówczas możliwe będzie pełne poznanie oraz ingerowanie w przebieg poszczególnych faz procesu ścinania skrawającego.

4. Skoncentrować uwagę na głębszym poznaniu własności izotermicznych pasm ścinania. Jak wynika bowiem z przeprowadzonych tu badań, pasma te stanowią kluczowy czynnik procesu ścinania - decydujący o pękaniu lub jego braku, a tym samym o typie wióra i skrawalności materiałów.

## 12.3. Wnioski utylitarne

1. Opracowany tu model skrawania generuje nowe kryteria oceny, przewidywania i kreowania skrawalności materiałów. Większość tych kryteriów wynika z poznanego i opisanego tu synergizmu mechanizmów lokalizacji odkształceń i pękania wzdłuż izotermicznych pasm ścinania.
2. Jednym z takich kryteriów może być energia błędu ułożenia, od której zależy sposób rozwoju i własności izotermicznych pasm ścinania. Kryterium to jest bardziej precyzyjne w porównaniu ze stosowanym obecnie kryterium, polegającym na szacowaniu skrawalności materiałów na podstawie ich plastyczności.
3. Opracowany tu mezoskopowo-makroskopowy model ścinania z jednym aktywnym koncentratorem naprężeń może być przydatny przy przewidywaniu i sterowaniu mechanizmem tworzenia się wszystkich, klasycznych typów wióra, powstającego w warunkach nieadiabatycznych - co nie było możliwe przy stosowaniu znanych modeli skrawania.

# Literatura


[1] W.P. Romanowski, *Poradnik obróbki plastycznej na zimno*, Wydawnictwa Naukowo-Techniczne, Warszawa 1976.

[2] J. Materniak, *Obróbka plastyczna. Materiały plastyczne*, Wydawnictwo Politechniki Wrocławskiej, Wrocław 1980.

[3] S. Erbel, K. Kuczyński, Z. Marciniak, *Obróbka plastyczna,* Państwowe Wydawnictwo Naukowe, Warszawa 1981.

[4] Z. Gabryszewski, J. Gronostajski, *Mechanika procesów obróbki plastycznej*, Wydawnictwo Naukowe PWN, Warszawa, s.260, 1991.

[5] K. Kubik, P. Rosienkiewicz, *Obróbka ścierna - ćwiczenia laboratoryjne,* Wydawnictwo Politechniki Wrocławskiej, Wrocław 1990.

[6] S. Zaborski, *Elektrochemiczna intensyfikacja obróbki ściernej materiałów trudno obrabialnych*, Politechnika Wrocławska, Wrocław 2000.

[7] H.K. Tönshoff, J. Peters, I. Inasaki, T. Paul, *Modelling and Simulation of Grinding Process*, Annals of CIRP, 42/2/1992.

[8] W. Konig, A.Berktold, K.F.Koch, *Turning versus Grinding – A Comparison of Surface Integrity Aspects and Attainable Accuracies*, Annals of CIRP 42/1/1993.

[9] M. Gierzyńska, *Tarcie, zużycie i smarowanie w obróbce plastycznej metali*, Wydawnictwa Naukowo-Techniczne, Warszawa 1983.

[10] J.P. Petit, J.Struct. Geol., 9, s.597, 1987.

[11] B. Kiepuszewski, Podstawy *obróbki metali skrawaniem*, Politechnika Poznańska, Poznań 1961.

[12] J. Dmochowski, *Podstawy obróbki skrawaniem - cz. I*, Państwowe Wydawnictwa Naukowe, Warszawa 1967.

[13] M.C. Shaw, *Metal Cutting Principles*, Oxford Pub. 1984.

[14] W. Grzesik, *Podstawy skrawania materiałów metalowych*, Wydawnictwa Naukowo-Techniczne, Warszawa 1998.

[15] I.S. Jawahir, C.A. van Luttervelt, *Recent Developments in Chip Control Research and Applications*, Annals of CIRP 42/2/1993, s. 659-693.

[16] C.A. van Luttervelt, T.H.C. Childs, I.S. Jawahir, F. Klocke, P.K. Venuvinod, *Present Situation and Future Trends in Modelling of Machining Operations – Progress Report of the CIRP Working Group 'Modelling of Machining Operations'*, Annals of CIRP 47/2/1998 s. 587-626.

[17] H.K. Tönshoff, C. Arendt, R. Ben Amor, *Presented at the Scientific Technical Committees Paper Discussion Sessions. Cutting of Hardened Steel*, Annals of CIRP 49/2/2000, s. 547-566.

[18] V.P. Astakhov, *Metal Cutting Mechanics*, CRP Press LLC, 1998.

[19] R.A. Lindberg, *Processes and Materials of Manufacture*, 2nd ed., Allyn and Bacon, Boston, Mass., s.127, 1977.

[20] R. Komanduri, R.H. Brown, *On the Mechanics of Chip Segmentation in Machining*, Journal of Engineering for Industry, Trans. ASME, 103, s.33-51, 1981.

[21] V.P. Astakhov, S.V.Shvets, M.O.M.Osman, *Chip Structure Classification Based on Mechanics of its Formation*, Journal of Materials Processing Technology, Volume 71, s. 247-257, 1997.

[22] M.E. Merchant, *Mechanics of the metal cutting process*, Journal of Applied Physics, vol. 16, nr 5, s.318-324, 1945.

[23] R. Hill, *The Mathemalical Theory of Plasticity*, Oxford University Press, London, 1950.

[24] R. Hill, *The Mechanics of Machining: A New Approach*, J,.Mech.Phys. Solids, 3, 47, 1954.

[25] P.K. Venuvinod, W.L. Jin, *Tree Dimensional Cutting Forces Analysis Based On The Lower Boundary Of The Shear Zone*, Int. J. Machine Tools And Manufacture, Vol. 36/3, s. 307-338, 1996.

[26] E.J.A. Armarego, M. Utaichya, *A Mechanics of Cutting Approach For Force Prediction In Turning Process*, J. Eng. Production, s.1, 1970.

[27] E.J.A. Armarego i in., *Computer-aided Predictive Cutting Model For Forces In Face Milling Allowing For Tooth Run-out*, Annals of CIRP, Vol. 44/1, s.45-48, 1995.

[28] Y. Altintas, E. Budak, *Analytical Prediction of Stability Lobes in Milling*, Annals of CIRP 44/1/1995

[29] E.J.A. Armarego, H.Zhao, *Predictive Force Moidels For Point Thinned Circular Centre Edge Twist Drill Designs*, Annals of CIRP, Vol. 45/1, s.65-70, 1996.

[30] C.A. van Luttervelt, A.J. Pekelharing, *Chip Formation In Machining Operations On Small Diameters*, Annals of CIRP, Vol. 25, s.71, 1976.

[31] P. Dewhurst, *On the non-uniqueness of the machining process*, Proc.R. Soc. Lond. A, Number 360, s.587-610, 1978.

[32] J.T. Black, N.D. Briggs, J. Huang, L.N. Payton, *Orthogonal Machining of Metals*, II International Conference on Advances in Production Engineering APE'2001, Warsaw, June 7-9, 2001.

[33] E.H. Lee, B.W .Shafer, *The Theory of Plesticity Applied to a Problem of Machining*, Transaction ASME, Journal of Applied Mechanics, Volume 18, s. 405-413, 1951.

[34] M.C. Shaw, N.H. Cook, I. Finnie, *The Shear Angle Relationship in Metal Cutting*, Transaction ASME, Journal of Engineering for Industry, Volume 75, s. 273-288, 1953.

[35] D. Kececioglu, Shear Zone Size, *Compressive Stress and Shear Zone Strain in Metal-Cutting and their Effects on Mean Shear-Flow Stress*, Transaction ASME, Journal of Engineering for Industry, Feb. 1960.

[36] K. Okushima, K. Hitomi, *An Analysis of the Mechanism of Orthogonal Cutting and Its Application to Discontinuous Chip Formation*, Transaction ASME, Journal of Engineering for Industry, s. 545-556, Nov. 1961.

[37] N.N. Zorev, *Metal Cutting Mechanics*, Pergamon Press 1966.

[38] T.Shi, S.Ramalingam, *Slip-line Solution for Orthogonal Cutting with a Chip Breaker and Flank Wear*, Int.J.M.Sci. 33(9), 1991.

[39] J. Chakrabarty, *Theory of Plasticity*, New York, Mc Graw-Hill Book Comp., 1987.

[40] I. Finnie, M.C. Shaw, *The Friction Process in Metal Cutting*, Trans. ASME, 78, s.1649-1657, 1956

[41] H.E. Enahoro, P.L.B. Oxley, *Flow Along Tool-Chip Interface In Orthogonal Metal Cutting*, J. Mech. Eng. Sci. 8, s.36-41, 1966.

[42] J.A. Shey, *Tribology In Metalworking*, American Society For Metals, Ontario 1983.

[43] S. Pytko, *Problemy smarowania w procesach obróbkowych*, Mechanik, nr 9, s. 401-406, 1989.

[44] Sung-Lim Ko, D.A.Dornfeld, *Burr Formation and Fracture in Oblique Cutting*, Journal of Materials Processing Technology, 62, s. 24-36, 1996.

[45] I.S. Jawahir, P.X.Li, E.L.Exner, *A New Parametric Approach for the Assessment of Comprehensive Tool Wear in Coated Grooved Tools*, Annals of CIRP 44/1/1995.

[46] R.F. Recht, *Catastrophic Thermoplastic Shear*, Journal of Applied Mechanics, June 1964, s.189-193.

[47] R.F. Recht, *A Dynamic Analysis of High – Speed Machining*, Journal of Engineering for Industry, Nov 1985, Vol.107, s.309-315.

[48] B.F. von Turkovich, *Shear Stress in Metal Cutting*, Journal of Engineering for Industry, Feb 1970, s.151-157.

[49] N. Ueda, T.Matsuo, *An Analysis of Saw-Toothed Chip Formation*, Annals of CIRP 31/1/1982, s. 81-84.

[50] S.L. Semiatin, S.B.Rao, *Shear Localization during Metal Cutting, Materials Science and Engineering*, Volume 61, s.185-192, 1983.

[51] M.C. Shaw, A. Vyas, *Chip Formation in the Machining of Hardened Steel*, Annals of CIRP 42/1/1993.

[52] H. Zhen-Bin, R. Komanduri, *On a Thermomechanical Model of Shear Instability in Machining*, Annals of CIRP, 44, 1, s. 69-73, 1995.

[53] G. Poulachon, A. Moisan, *A Contribution to the Study of the Cutting Mechanisms During High Speed Machining of Hardened Steel*, Annals of CIRP 47/1/1998.

[54] M.C. Shaw, A. Vyas, *The Mechanism of Chip Formation with Hard Turning Steel*, Annals of CIRP 47/1/1998.

[55] A. Vyas, M.C. Shaw, *Mechanics of Saw-Tooth Chip Formation in Metal Cutting*, Journal of Manufacturing Science and Engineering, Volume 121, May 1999, s.163-172.

[56] Molinari A., Musquar C., Sutter G., *Adiabatic shear banding in high speed machining of Ti-6Al-4V: experiments and modelling*, International Journal of Plasticity, 18, 443-459, 2003.

[57] Sz. Baronb, E. Ahearnea, *Fundamental mechanisms of chip formation in orthogonal cutting of medical grade cobalt chromium alloy (ASTM F75)*, NULL, 2018.

[58] W.B.Palmer, P.L.B. Oxley, *Mechanics of Metal Cutting*, Proc. Inst. Mech. Eng., 173, 623, 1959.

[59] L. Buriat, *Teoria skrawania metali*, Politechnika Łódzka, Łódź 1961.

[60] G Carro Cao, *Cutting Phenomena Interpretation in Machine - Workpiece - Tool System*, Annals of CIRP 20/1/1971.

[61] J.Ellis, G.Barrow, *Some Observations on the Contact Resistance Hot Machining Process*, CIRP, vol. XVIV, 1971.

[62] P.L.B. Oxley, M.G. Stevenson, *The Influance of the High Strain Rate, High Temperature Stress – strain Behaviour of a Material on its Machining Characteristics*, Annals of CIRP 20/1/1971.

[63] K. Okushima, Y. Kakino, *The Residual Stress Produced by Metal Cutting*, CIRP 20/1/1971.

[64] J.Peklenik, A.Jerele, Some *Basic Relationships for Identification of the Machining Processes*, Annals of CIRP 41/1/1992.

[65] M.C. Shaw Precision Finishing, Annals of CIRP 44/1/1995.

[66] N.A.Fleck, K.J.Kang, J.A.Williams, *The Machining of Sintered Bronze*, Int.J.M.Sci. 38(2), 1996.

[67] J.T. Black, *Flow Stress Model in Metal Cutting*, Journal of Engineering for Industry, Nov1979, s. 403-415.

[68] X. D.Fang, I.S.Jawahir, *An Analytical Model for Cyclic Chip Formation in 2-D Machining with Chip Breaking*, Annals of CIRP 45/1/1996 .

[69] K. Ueda, K.Manabe, *Rigid-Plastic FEM Analysis of Three-Dimensional Deformation Field in Chip Formation Process*, Annals of CIRP 42/1/1993.

[70] E. Ceretti, P. Fallböhmer, W.T. Wu, T. Altan, *Application of 2D FEM to Chip Formation in Orthogonal Cutting, Journal of Materials Processing Technology*, 59, s.169-180, 1996.

[71] E. Rusiński, J. Czmochowski, T. Smolnicki, *Zaawansowana metoda elementów skończonych w konstrukcjach nośnych*, Oficyna Wydawnicza Poliechniki Wrocławskiej, Wrocław 2000

[72] V. R. Marinov, *Hybrid analytical-numerical solution for the shear angle in orthogonal metal cutting - Part I: theoretical foundation*, International Journal of Mechanical Sciences Nr43 (2001), s.399-414.

[73] V. R. Marinov, *Hybrid analytical-numerical solution for the shear angle in orthogonal metal cutting - Part II: experimental verification*, International Journal of Mechanical Sciences Nr43 (2001), s.415-426.

[74] H. Sasahara, T. Obikawa, T. Shirakashi, *FEM Analysis of Cutting Sequence Effect on Mechanical Characteristics in Machined Layer*, Journal of Materials Processing Technology, 62, s.448-453, 1996.

[75] Z-C Lin, Y-Y Lin, *Fundamental Modeling for Oblique Cutting by Thermo-elastic-plastic FEM,*, International Journal of Mechanical Sciences, 41, s.941-965, 1999.

[76] J.-L.Chenot, F. Bay, *An Overview of Numerical Modelling Techniques*, Journal of Materials Processing Technology, Nr 80–81 s.8–15, 1998.

[77] E. Ceretti, M.Lucchi, T. Altan, *FEM Simulation of Orthogonal Cutting: Serrated Chip Formation*, Journal of Materials Processing Technology, 95, s.17-26, 1999.

[78] S. Zenia, L. Ben Ayed, M. Nouari, A. Delamézière, *An elastoplastic constitutive damage model to simulate the chip formation process and workpiece subsurface defects when machining CFRP composites*, Procedia CIRP 31, 100 – 105, 2015.

[79] C. Cheng, R. Mahnken, *A multi-mechanism model for Cutting simulation:A Ginzburg-Landau type phase gradient and numerical implementations*, International Journal of Solids and Structures, 2018.

[80] M. Miernik, *Skrawalność metali. Metody określania i prognozowania*, Oficyna Wydawnicza Politechniki Wrocławskiej, Wrocław 2000.

[81] J. C. Hamman, F. Meslin, S. Donyo, P*henomenological Modeling of Chip Segmentation Using the Catastrophe Theory*, The 4th International ESAFORM Conference on Material Forming, 23-25 April 2001, Liége, Belgium.

[82] M. Cieślak, A. Smoluk, *Zbiory rozmyte. Rozpoznawanie obrazów. Teoria katastrof. Wybór tekstów*, PWN, Warszawa 1988.

[83] H. –O. Peitgen, H. Jürgens, D. Saupe, *Granice chaosu. Fraktale,* Wydawnictwo Naukowe PWN, Warszawa 1997.

[84] I. Grabec, J. Geadišek, E.Govekar, *A New Method for Chatter Detectionin Turning*, Annals of the CIRP, vol. 48, nr 1, 1999.

[85] O. Masory, *Monitoring Machining Processes Using Multi-sensor Readings Fused by Artificial Neural Network*, J. Mat. Proc. Technol., vol. 28, s.231-240, 1991.

[86] S. Osowski, *Sieci neuronowe w ujęciu algorytmicznym*, Wydawnictwa Naukowo – Techniczne, Warszawa 1996.

[87] J. Gawlik, K.Karbowski, *Prognozowanie stanu ostrza skrawającego z zastosowaniem sieci neuronowych*, Mechanik nr 4, s.153-156, 1997.

[88] D. Rutkowska, M. Pilński, L. Rutkowski, *Sieci neuronowe, algorytmy genetyczne i systemy rozmyte*, Wydawnictwo Naukowe PWN, Warszawa - Łódź 1997.

[89] A. Latour, *Skrawalność metali i metody jej określania*, Wydawnictwa Naukowo-Techniczne, Warszawa 1962.

[90] Z. Jabłoński, *Wióry w procesie produkcyjnym*, Instytut Wydawniczy Związków Zawodowych, Warszawa 1988.

[91] Y. Bai, B. Dodd, *Adiabatic Shear Localization*, Pergamon Press 1992.

[92] P.F. Thomason, *Ductile Fracture of Metals*, Pergamon Press, 1990.

[93] Z. Jasieński, M. Brandes, *Badania nad zachowaniem się próbek miedzianych (99,5% Cu) rozciąganych pod ciśnieniem hydrostatycznym do 8000 kG/cm²*, Prace Instytutu Mechaniki Precyzyjnej, Zeszyt 4, 1968.

[94] W. Bochniak, *Lokalizacja odkształcenia*, Zeszyty Naukowe AGH, zeszyt 122, Kraków 1989.

[95] J.Kuśnierz, *Localization of Strain and Fracture in Anisotropic Metal Sheets with Face-centered Cubic Lattiace*, Archives of Metallurgy, 37, 3, 1992

[96] H.V. Nguyen, *Isothermal and Adiabatic Flow Laws of Metallic Ellastic-Plastic Solids at Finite Strains and Propagation of Acceleration Waves*, Arch. Appl. Mech., 44, 5-6, s. 595-602, 1992.

[97] E. S. Dzidowski, *Mechanizm pękania poślizgowego w aspekcie dekohezji sterowanej metali*, Wydawnictwo Politechniki Wrocławskiej, Monografie nr 11, Wrocław 1990.

[98] Christoffersen H., Leffers T., *Microstructure and Composite Deformation Pattern for rolled brass*, Scripta Materialia, Vol. 37, Nr 9, s.1429-1434, 1997.

[99] H. Dong, A.W. Thompson, *The Effect of Grain Size and Plastic Strain on Slip Length in 70-30 Brass*, Metallurgical Transactions A, Vol. 16A, s. 1025-1030, June 1999.

[100] M.G.Cockcroft, D.J. Latham, *A Simple Criterion of Fracture for Ductile Metals*, Report of Nat. Eng. Lab., Glasgow 1966.

[101] P. Brozzo, B. DeLuca, R. Rendina, *Proceedings of the Seventh Biennial Conference of the International Deep Drawing Research Group*, 1972.

[102] J. Gronostajski, K. Białas, *Zarodkowanie i propagacja pęknięć w procesie wykrawania,* Archiwum Hutnictwa, tom 21, s. 469, 1976.

[103] Z. Marciniak, K. Kuczyński, L. Olejnik, Prace Inst. Techn. Bezw., Politechnika Warszawska 1979.

[104] F.A. McClintock, *A Criterion for Ductile Fracture by the Growth of Holes*, Journal of Applied Mechanics, 6, s.363-371, 1968.

[105] W. Szczepiński, *Internal Micronecking as a Factor of the Process of Ductile Fracture of Metals*, Archives of Mechanics, 35, 4, s. 533-540, 1983.

[106] P.E. Thomason, *A Theory for Ductile Fracture by Internal Necking of Cavities*, Journal of the Institute of Metals, 96, 12, s.360-365, 1968.

[107] V.C. Orsini, M.A. Zikry, *Void Growth and Interaction in Crystalline Materials*, International Journal of Plasticity, 17, s.1393-1417, 2001.

[108] T. Bednarski, *Mechanika plastycznego płynięcia w zarysie*, Wydawnictwo Naukowe PWN, Warszawa 1995.

[109] V.E. Panin, *Foundations of Physical Mesomechanics*, Physical Mesomechanics, 1, s. 5-20, 1998.

[110] V.E. Panin, *Overviev on mesomechanics of plastic deformation and fracture of solids,* Theoretical and Applied Fracture Mechanics, 30, 1-11, 1998.

[111] V.E. Panin, *Synergetic principles of physical mesomechanics*, Theoretical and Applied Fracture Mechanics, 37, 261-298, 2001.

[112] Sadowski T., Samborski S., *Prediction of the mechanical behaviour of porous ceramics using mesomechanical modeling*, Computional Materials Science, 512-517, 2003.

[113] Shengbo Shi, Liangxian Gu, Jun Liang, Guodong Fang, Chunlin Gong, Cunxi Dai, *A mesomechanical model for predicting the degradation in stiffness of FRP composites subjected to combined thermal and mechanical loading,* Materials and Design 89, 1079–1085, 2016.

[114] Smolin I.Yu., Makarov P.V., Eremin M.O., Matyko K.S., *Numerical simulation of mesomechanical behaviour of pourous brittle materials*, Procedia Structural Integrity 2, 3353-3360, 2016.

[115] Romanova V., Balokhonov R., Panina A., Kzachenok M., Kozelskaya A., *Micro- and mesomechanical aspects of deformation-induced surface roughening in polycrystalline titanium*, Materials Science & Engineering A 697, 248–258, 2017.

[116] Miravete A., Bielsa J.M., Chiminelli A., Cuartero J., Serrano S., Tolosana N., Guzman de Villoria R., *3D mesomechanical analysis of three-axial braided composite materials*, Composites Science and Technology 66, 2954–2964, 2006.

[117] E.S. Dzidowski, *A study of limiting displacements in the shearing of bars*, Journal of Mechanical Working Technology, 12, s. 297-306, 1986.

[118] E.S. Dzidowski, *Mechanism of shear fracture during transverse shearing with uniaxial compression*, The 13th Riso International Symposium on Materials Science: Modeling of Plastic Deformation and Its Engineering Applications. Riso, National Laboratory, Roskilde, Denmark, s.253-257, 1992.

[119] E.S. Dzidowski, *Shear fracture at liquid nitrogen temperature*, Materials Science and Engineering, A168, s. 11-16, 1993.

[120] E.S. Dzidowski, *The Mechanism of Shear Fracture in the Aspect of The Micro- and Macrolocalization of Strains*, in: MECAMAT'91, Teodosiu, Raphanel & Sidoroff (eds), Balkema, Rotterdam (1993).

[121] E.S. Dzidowski, *Kryterium pękania poślizgowego metali*, Materiały: Konferencja Dolnośląska STOPY METALI, Wrocław-Szklarska Poręba 20-22 kwietnia, s. 69-78, 1994.

[122] E.S. Dzidowski, W. Cisek, *Need and Prospects for Shear Fracture Research*, CCME '97, Vol. 2, June 2-5 1997.

[123] E.S. Dzidowski, *Achievements and practical aspects of strain localization and fracture mesomechanics*, Proc. 9th International Scientific Conference: Achievements in Mechanical & Materials Engineering, ed. L.A. Dobrzański, Gliwice-Sopot - Gdańsk, s. 175-178, 2000.

[124] E.S. Dzidowski, W. Cisek, *New development of shear fracture research*, Journal of Materials Processing Technology, 106, s. 267-272, 2000.

[125] E.S. Dzidowski, *Mechanism and Modes of Fracture of Sheet Metal in Forming Processes*, The 8th International Conference Metal Forming 2000, Kraków 2000.

[126] E.S. Dzidowski, *Perspektywy rozwoju i zastosowań mezomechaniki w modelowaniu procesów obróbki plastycznej*, Przegląd Mechaniczny PM-31/2001.

[127] E.S. Dzidowski, *A New Model of Shear Fracture and its Applications*, Proc.The 5th International Conference on Metal Forming, Birmingham 1994.

[128] S. Dzidowski, G. Chruścielski, *Mesomechanistic concept of metal cutting processes*. Proceedings of the 4th International ESAFORM Conference on Material Forming. University of Liege Department MSM, Liege, Belgium, April 23-25, Vol. 2 ,635-638, 2001.

[129] S. Dzidowski, G. Chruścielski, *Badanie mechanizmu i rozwoju lokalizacji odkształceń w procesie skrawania*, Przegląd Mechaniczny, R. 60, nr 7/8, s. 30-35, 2001.

[130] S. Dzidowski, G. Chruścielski, *Mesoscopic-macroscopic model of chip formation during machining in quasi-isothermal conditions*, W: Proceedings of the 6th ESAFORM Conference on Material Forming, Salerno, Italy, April 28-30, 2003 / V. Brucato (ed.). Palermo : Nuova Ipsa, s. 523-526, cop. 2003.

[131] S. Dzidowski, G. Chruścielski, *Wpływ energii błędu ułożenia na mezoskopowo-makroskopowy mechanizm tworzenia się wióra przy ścinaniu z jednym koncentratorem naprężeń*, Przegląd Mechaniczny, z. 7/8, s. 31-34, 2005.

[132] E.S. Dzidowski, *Shear Fracture Mechanism in Dynamic Microrecrystallization Aspect*, 4th International Symposium on Plasticity and its Current Applications, Baltimore 1993.

[133] C.Y.J Barlow, B. Bay, N. Hansen, *A comparative investigation of surface relief structures and dislocation microstructures in cold-rolled aluminium*, Philosophical Magazine A, Vol.51, Nr 2, s. 253-275, 1985.

[134] B. Bay, N. Hansen, D.A. Hughes, D. Kuhlmann-Wilsdorf, *Evolution of F.C.C. Deformation Structures in Polyslip, Acta Metallurgica and Materialia*, Vol. 40, Nr 2, s.205-219, 1992.

[135] S. Asgari, E. El-Danaf, S.R. Kalidindi, R.D. Doherty, *Strain Hardening Regimes and Microstructural Evolution during Large Strain Compression of Low Stacking Fault Energy Fcc Alloys That Form Deformation Twins*, Metallurgical and Materials Transactions A, Vol. 28A, s.1781-1795, Sept 1997.

[136] N. Hansen, New *Discoveries in Deformed Metals*, Metallurgical and Materials Transactions A, Vol. 32A, s. 2917-2935, Dec 2001.

[137] D.A. Hughes, *Microstructure evolution, slip patterns and flow stress*, Materials Science and Engineering: A, Vol. 319-321, December, 2001, s. 46 – 54.

[138] Zhang J.Z., *A shear band decohesion model for small fatigue crack growth in an ultra-fine grain aluminium alloy*, Engineering Fracture Mechanics 65, 665-681, 2000.

[139] N. Hansen, *Cold Deformation Microstructures*, Material Science and Technology, vol. 6, s. 1039-1047, Nov 1990.

[140] S. Gorczyca,.S. Dymek, J. Ryś, M. Maślanka, M. Wróbel, *Nomenclature for Structural Heterogeneities Produced by the Deformation of Metals*, Archiwum Hutnictwa, 31, 1, s.23-32, 1986.

[141] M. Blicharski, S. Dymek, M. Wróbel, *Inhomogeneities of Microstructure Evolved in Metals under Plastic Deformation*, Journal of the Materials Processing Technology 53, s. 75-84, 1995.

[142] A. Korbel, The *Real Nature of Shear Bands-plastons*, Proc. Int. Symposium on Plastic Instability, Considere Memorial, Paris, s.325-335, 1985.

[143] A. Korbel i in., *Microstructural aspects of strain localization in Al-Mg alloys*, Acta Metallurgica, nr 10, s. 1999-2009, 1986.

[144] A. Korbel, *A Real Nature of Shear Bands-plastons*, Archiwum Hutnictwa, 31, 1, s.33-41, 1986.

[145] M. Wróbel, *Abaut Crystallography of Shear Bands*, Archives of Metallurgy, 42, 4, s.359-369, 1997.

[146] J. Kuśnierz, *Microstructure and Texture Drawing of $AlMg_2$ Sheet in Relation to Macroscopic Shear Bands MSB*, Archives of Metallurgy, 332, 2, 1988.

[147] J. Kuśnierz, *The Crystal Rotation Undor In plano Shoaring of Highly Cold-rolled Copper and Brass*, Inżynieria Materiałowa, Nr 3, s.493-495, 1998.

[148] H. Paul, Z.Jasieński, L.Lityńska, A.Piątkowski, *The Influence of Twinning Within Shear Bands on the Recrystalization Microstructure*, Inżynieria Materiałowa, Nr 3, s.497-501, 1998.

[149] H.V. Nguyen, W.K. Nowacki, *Simple Shear of Metal Sheets at High Rates of Strain*, Arch. Mech. 49, 2, s. 369-384, Warszawa 1997.

[150] R.B. Pęcherski, *Model of Plastic Flow Accounting for the Effects of Shear Banding and Kinematic Hardening*, ZAMM, Z. Angew. Math. Mech., 75, s. 203-204, 1995.

[151] R.B. Pęcherski, *Macroscopic Measure of the Rate of Deformation Produced by Micro-shear Banding*, Arch. Mech. 49, 2, s.385-401, Warszawa 1997.

[152] E.El-Danaf, S.R. Kalidindi, R.D. Doherty, C. Necker, *Deformation Texture Transition in Brass: Critical Role of Micro-scale Shear Bands*, Acta Materialia, Vol. 48, s.2665-2673, 2000.

[153] H. Paul, H.J. Driver, Z.Jasieński, *Shear banding and recrystallization nucleation in a Cu–2%Al alloy single crystal*, Acta Materialia, Vol. 50, Issue: 4, February 25, s. 815-830, 2002.

[154] L. Błaż, *Dynamiczne procesy strukturalne w metalach i stopach*, Wydawnictwa AGH, Kraków 1998.

[155] K. Kurski, *Miedź i jej stopy techniczne*, Wydawnictwo Śląsk, Katowice 1967

[156] M.L. Bernsztejn, W.A. Zajmowskij, *Struktura i własności mechaniczne metali*, Wydawnictwa Naukowo-Techniczne, Warszawa 1973.

[157] A. Bylica, J. Sieniawski, *Tytan i jego stopy*, Wydawnictwo Naukowe PWN, Warszawa 1985.

[158] M.Tokarski, *Metaloznawstwo metali i stopów nieżelaznych w zarysie*, Wydawnictwo Śląsk, 1988.

[159] A. Ciszewski, T. Radomski, A. Szummer, *Metalowe tworzywa konstrukcyjne*, Oficyna Wydawnicza Politechniki Warszawskiej, Warszawa 1993.

[160] praca pod red. W. Dudzińskiego, *Materiały konstrukcyjne w budowie maszyn. Ćwiczenia laboratoryjne*, Wrocław 1994.

[161] K. Przybyłowicz, *Metaloznawstwo*, Wydawnictwa Nwaukowo-Techniczne, Warszawa 1996.

[162] R. Haimann, *Metaloznawstwo Cz. 1*, Politechnika Wrocławska, 2000.

[163] Xiangyu Teng, Wanqun Chen, Dehong Huo, Islam Shyha, Chao Lin, *Comparison of cutting mechanism when machining micro and nanoparticles reinforced SiC/Al metal matrix composites*, Composite Structures 203, 636–647, 2018.

[164] A. Rohatgi, K.S. Vecchio, G.T. Gray III, *The Influence of Stacking Fault Energy on the Mechanical Behavior of Cu and Cu-Al Alloys: Deformation Twinning, Work Hardening, and Dynamic Recovery*, Metallurgical and Materials Transactions A, Vol. 32A, s. 135-145, Jan 2001.

[165] E. El-Danaf, S.R. Kalidindi, R.D. Doherty, *Influence of Grain Size and Stacking Fault Energy on Deformation Twinning in FCC Metals*, Metallurgical and Materials Transactions A, Vol. 30A, s. 1223-1233, May 1999.

[166] J. Zasadziński, S. Gorczyca, A. Korbel, *Czułość na prędkość odkształcenia a energia błędu ułożenia czystych metali o sieci regularnej o centrowanych ścianach*, Archiwum Hutnictwa, tom XV, zeszyt 2, s.159, 1970.

[167] J. Zasadziński, *Czułość na prędkość odkształcania mosiądzów jednofazowych $\alpha$. Badania w szerokim zakresie stopnia odkształcenia*, Zeszyty Naukowe AGH, Metalurgia i Odlewnictwo, zeszyt 66, 1975.

[168] A.G. Guy, *Wprowadzenie do nauki o materiałach*, Państwowe Wydawnictwo Naukowe, Warszawa 1977.

[169] J. Kaczyński, S. Prowans, *Podstawy teoretyczne metaloznawstwa*, Wydawnictwo Śląsk, Katowice 1972.

[170] X. Nie, R. Wang, Y. Ye, Y. Zhou, D. Wang, *Calculations of stacking fault energy for fcc metals and their alloys based on an improved embedded-atom method, Solid State Communications*, Vol. 96, Issue: 10, December, 1995, s. 729-734.

[171] T.C. Schulthess, P.E.A. Turchi, A. Gonis, T.G. Nieh, *Systematic Study of Stacking Fault Energies of Random Al-based Alloys*, Acta Materiala, vol. 46, 6, s.2215-2221, March 1998.

[172] J.H. Jun, C.S. Choi, *Variation of Stacking Fault Energy with Austenite Grain Size and its Effect on the $M_s$ Temperature of $\gamma\rightarrow\varepsilon$ Martensitic Transformation in Fe-Mn Alloy*, Materials Science and Engineering A, vol. 257, 2, s.353-356, Dec. 1998.

[173] A. Kowarsch, Z. Zaczek, *Miedź i jej stopy w budownictwie okrętowym*, Wydawnictwo Morskie, Gdańsk, 1989.

[174] L.A. Dobrzyński, *Metaloznawstwo z podstawami nauki o materiałach*, Wydawnictwa Naukowo-Techniczne, Warszawa 1998.

Printed by Books on Demand GmbH, Norderstedt / Germany